—MENGGOUBULUO—

萌狗部落

何亚歌 ● 著

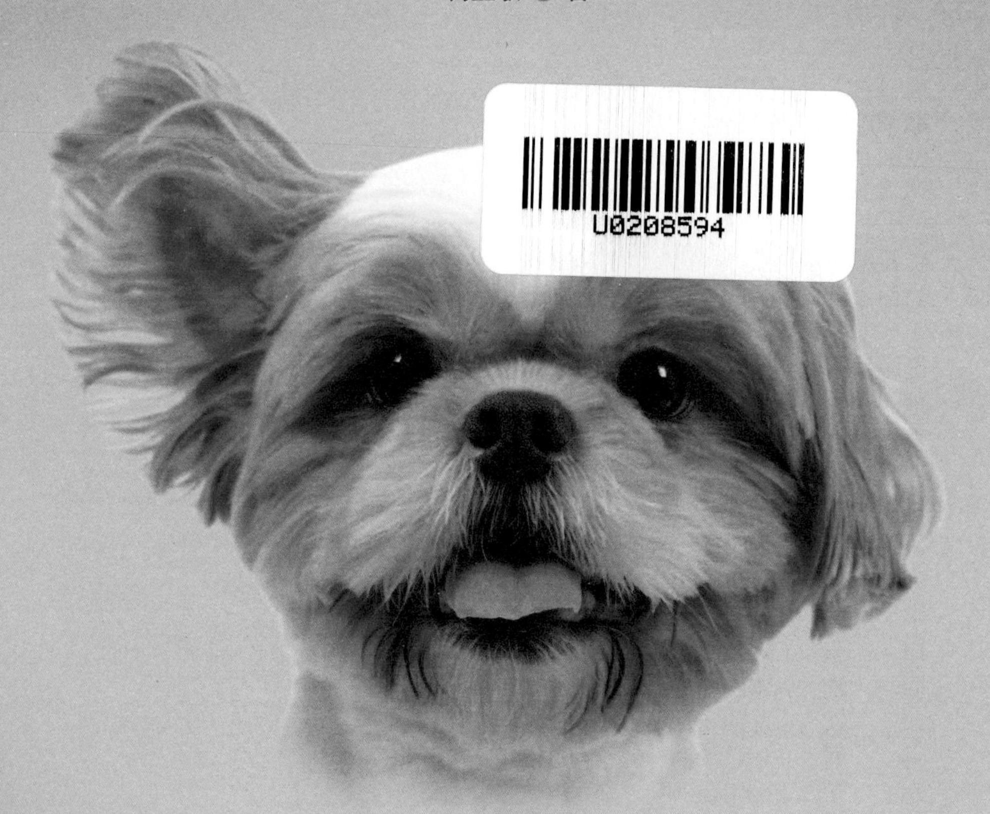

内蒙古出版集团
内蒙古文化出版社

图书在版编目（CIP）数据

萌狗部落 / 何亚歌著 . — 呼伦贝尔 : 内蒙古文化出版社，2013.12
ISBN 978-7-5521-0512-4

Ⅰ. ①萌… Ⅱ. ①何… Ⅲ. ①犬—普及读物 Ⅳ. ① S829.2-49

中国版本图书馆 CIP 数据核字（2013）第 294237 号

萌狗部落
MENG GOU BU LUO
何亚歌　著

责任编辑　白　鹭
封面设计　鸿儒文轩

出版发行　内蒙古文化出版社
地　　址　呼伦贝尔市海拉尔区河东新春街4－3号
直销热线　0470－8241422　　邮编　021008

排版制作　鸿儒文轩
印刷装订　三河市华东印刷有限公司
开　　本　710×1000毫米　1/16
字　　数　120千
印　　张　13
版　　次　2014年1月第1版
印　　次　2023年5月第2次印刷
书　　号　ISBN 978-7-5521-0512-4
定　　价　48.00元

前　言

狗王“汪汪”来了

亲爱的朋友们，你们好！我是来自狗家族的首领，我的名字叫汪汪。这次来到人类世界，我可是担负着一个重要的使命，是什么呢？原来我们狗家族发现现在对狗文化感兴趣的人越来越多了，养狗的人也越来越多了。但是我们发现人类对我们狗狗有着太多的误解，不论是关于我们的文化，还是关于养狗的一些基本常识。因此我们所有的狗聚集在一起召开了一个家族会议，会议决定派我来给人类传播关于狗的知识。我要把我们狗族的故事一一地告诉给那些热爱我们或者对我们有误解的人们。千年的追寻中，我们狗族也像人类一样在寻求着心灵的理解，本着这样的目的，我将在此向你们表达我们狗族内心里最为真实的一面，并讲述我们狗族最为动人的故事。不知道你看到了吗？远古的狗在祖先狼的教导下，慢慢地走入到了人类的生活中，瞧瞧，哈尼族和土家族是多么地热爱狗，狗在他们的心目中早已不是动物，而是他们敬仰的偶像；人与狗之间的感情，也是如此的动人，忠诚的狗在用生命表达着对人类深深的爱恋；再走进名犬的世界里，你会发现那一个个光彩照人的狗，它们身上都有着属于自己的传奇，你会发现那一双双充满灵性的眼睛正在向人类展现着内心深处无法用言语诉说的情与爱，你会发现名犬风采的背后那丰富的内涵才是它最为迷人的所在。

“不是因为美丽而可爱，是因为可爱而美丽。”这一只只的狗身上所展现出来的魅力使得它们如此的可爱，因为可爱所以才迷人。这小小的精灵，在人类漫漫的历史长河里起着不可忽视的作用，狗道也在不知不觉中进入到了人类的精神世界里，它比狼道更受到人类的宠爱。在此，你会更加深刻地理解：原来狗道，是一种更优于狼道的成功之道，狗的忠诚更是深深地感动了无数人，它们的敬业与服从精神更是被无数的企业所推崇，还有它那狗眼看人的智慧更是让人类惊叹不已。

与此同时，你会在这里发现所有有关狗的知识，比如：狗的选择，狗的饲养，狗的繁殖，狗的训练，狗的美容等等。汪汪在这个奇妙的智慧宫殿里，竭尽所能地为你们揭开所有有关狗族的谜底。瞅着人类那一双双关爱而好奇的眼睛，汪汪的内心也在感动着温暖着，此时此刻，作为狗族的代表，我本着最真诚的心，呼吁人类对以下我们最为关心的问题引起高度重视：不要斗狗，不要虐待狗，我们也需要恋爱等等。智慧而仁爱的人类，请走入我们狗类的精神家园吧，万物众生都一样有着灵魂，唯有表达感情的方式不同罢了。请多一份悲悯，少一份冷漠与残酷吧！汪汪在此代表所有的狗族成员对你们表示深深地感恩，并奉献上我们狗族最最热烈的祝福……

在本书的编写过程中，以下各位老师参与了本书的协助编写与查证工作，他们是刘博、冀博、齐向群、于明琪、郑志远、刘香莲。不能在封面上为其一一署名，只能在此表示感谢，祝福他们工作顺利，身体健康。

目 录

Contents

上篇：我就是我
——源远流长的“狗”文化

中篇：看我活得多精彩！

下篇：家庭中的"重要成员"——养狗必备常识

上　篇：我就是我

——源远流长的“狗”文化

第一章
狗心自问：何去何从——狗的起源

第一节 关于狗起源的几种学说

要说我的起源，还得先说说我和人类的关系！

我是人类最早驯养的家畜，在与人类的长期相处中有着重要贡献。法国著名古生物学家居维叶曾把我誉之为“人类最出色、最完美的战利品”。因为我的忠诚与仁义，人们都在传颂着我的美德。在主人危难之际，我仍不离不弃，在大是大非面前，我正气凛然。所以，很快我就成为人类最喜欢的动物了。

千百年过去了，人类一直苦苦地追寻着我们狗族的起源，他们常常在想：狗到底有着怎样的历史，它又是以何样的姿态出现在人类文明史上的呢？人类在我们狗族的起源问题上“仁者见仁，智者见智”，但是他们主要有以下几种不同的理论：

一是“一源说”，认为我们是由一种类型演化来的。有些学者还把我们的祖先，确指为澳洲犬、印度狼、美洲野狗等。

二是“多源说”，认为我们是由不同的类型演变来的，达尔文支持这种观点。还有的学者，认为我们起源于不同食肉类动物的“偶然结合”（杂交）。从地理分布、生态习性、交配繁殖等方面因素分析，一般推测我们是由狼和豺演化而来的。

对于有关我们狗家族起源的几种观点，我将一一地具体阐述，以便你能更好地了解我们的历史，也为了所有热爱我们的人类能更为深刻地理解我们。

小故事

慈禧太后与哈斯

清朝的慈禧太后既是戏迷，又是犬迷。当年美国画家为慈禧太后造像时，慈禧让其把两只爱犬一并绘进画里。据说，紫禁城里的丽景轩宫殿，就曾是慈禧的犬房，这里养犬最多时达 100 多只。

慈禧曾花一万两银子从德国买了一只优质牧羊犬，取名“哈斯”，并从此对哈斯情有独钟。每日里，慈禧与其吃同样的饭菜，久而久之，哈斯也狗仗人势，依仗慈禧的威势横行霸道，尽管王公大臣深受其害，却敢怒不敢言。后来，喂犬人趁慈禧换装后哈斯难以辩认的好机会引来了哈斯。结果，哈斯被慈禧身上的珠光宝气照得头昏眼花，一怒之下窜上去抓破了慈禧的脸。从此，慈禧恨透了哈斯，但又舍不得杀它，就找了个借口硬把它卖给了恭亲王，自此便不再养犬。

第二节　狗的祖先是狼、狐和豺？

狼、狐和豺都曾被认为是狗族的直接祖先。在 19 世纪，狗族品种的多样化导致了连达尔文等人都赞同的一种观点——狗族的野生祖先不只一种。这种观点认为如果将豺和狼甚至郊狼和鬃狗单独地进行饲养，随后让它们的子孙杂交，必然会引起这些不同品种遗传混合的。

在动物分类学上，我们狗族属于脊椎动物，哺乳纲，食肉目，犬科；狼、狐、貉、豺等也是犬科动物。犬科动物的牙齿构造很出色，它们的后牙，部分适于切割，部分适于碾磨，能有效对付肉食和素食，这使得它们能广泛分布在世界各处，并在各种不同的环境中生存。犬科动物的原始祖先是出现于 5000 万年前的始新世的食肉动物——麦芽兽，这种动物尾长体小、善跑而且会爬树。在4000万年前的始新世末和渐新世初，麦芽兽中的一支分化成“拟指犬”和“指犬”；在2500万年前的中世纪进化为新兽狼，到了1000万年前的上新世，进化成“汤氏熊”，进化成了狼等犬科动物则是300余万年前的更新世时期。

下面我来给读者一一介绍狗进化的各个阶段：

古新世时期

大约在6000万年以前，有一种体型小，貌似鼬鼠的动物，它的身体长而柔韧，长尾，短腿，名为细齿兽，它不仅是犬科，同时还是其他一些如浣熊、熊、鼬鼠、麝猫、鬃狗和猫的早期祖先。它像现代的熊一样用脚底爬行，不像现代的狗那样用“趾”走路。它的牙齿是典型的食肉动物的牙齿，脚有五个分离的脚趾。当时，其他食肉动物的数量远远大于细齿兽，但它们并没有参与狗族的进化历程，并且在大约2000万年前就消失了。

渐新世时期

在渐新世的早期，大约在3500万年前，细齿兽已经进化成多种早期的犬科动物。有40多种原始犬科动物，一些是类熊狗，最令人惊奇的是类猫狗。另外，还有一种类似现代狗的狗生息繁衍到了今天。

第三世中新世时期

到第三世中新世的早期，大约在2000万年以前，一种很类似现代狗的狗出现了。它的颌比现代狗短，有修长的身躯和尾巴，粗短的腿。后脚仍是分开的五个脚趾，不像现代犬科动物那样为并拢的四个脚趾。到第三世中新世的末期，在1000—1500万年前，发现了一种有较长颌和较大脑容量的犬科动物的化石。尽管它的智力不如我们，但已具备了我们狗族群居的全部本能。

上新世时期

真正的犬科动物首次出现在500—700万年前。它开始用四个脚趾行走，并且四个脚趾靠得比较紧，这种构造很适合捕猎。

第四世纪时期

到第四纪之初，大约在100万年前，一种早期狼——伊特鲁里亚狼，出现于欧亚大陆。近来的研究显示，伊特鲁里亚狼可能是家犬和现代狼，包括中东和印度的小亚种，一种比别的狼种更接近我们的直接祖先。

第三节　狗的起源是狼吗?

在没有使用DNA技术进行研究时，普遍接受的理论是，我们是从某个犬科动物中分离出来的。然而，首次详细的DNA研究结果震惊了整个学术界。研究发现，我们狗族所有的子孙都是起源于狼，而不是其他的犬科动物。

瑞典皇家科学院的彼得·萨沃莱南将这项研究进行了拓展，他对来自欧洲、亚洲、非洲及北美近北极地区的654个狗族成员，以及来自欧洲和亚洲的38只狼进行了DNA分析。

萨沃莱南的小组宣布，他们发现东亚的狗基因最丰富，比如北京犬、松狮犬。这就使得东亚狗成为基因最古老的狗族的成员。这些狗族成员看起来也像是源自数个不同组的狼，这就意味着“狼的最初驯化不可能是一个孤立事件，而是（东亚）人群的一个普遍作法”。

由加州大学的詹妮弗·雷纳德领导的小组，对墨西哥、秘鲁、波利维亚，以及阿拉斯加考古发掘出的48具狗的遗骨的DNA进行了分析，这些都早于欧洲人到达新世界的时间。他们将其与67个狗族成员以及来自世界30个地方的狼的DNA进行了比对。结果发现狼的DNA与现代狗的DNA非常接近。雷纳德说，这表明古代美洲狗与欧洲和亚洲的狗一样都是从同种狼进化而来。

那么狼究竟有什么特殊的本事呢？远古的人们和它又是怎么样的一种关系呢？

狼是群居的动物，它们通常七、八只为一群，它们以集体狩猎的方式来猎食，这当中，每只狼在族群中的阶级地位都不相同，正如人类社会一样，狼在此时也产生了阶级。动物学家习惯将狼群之中的领袖称为阿尔发狼，它主要负责分配食物，平息纷争，并且繁殖后代。其余的狼也都非常安于本身在族群中的地位，并服从于阿尔发狼的领导，这便是狼的社会。看起来，有点像人类原始社会的影子，其实，这是因为它们受整个大环境的影响。狼的内部等级森严，但是不论哪一个等级的狼都会相互援助。无论是寻找食物，还是生育，更或者是抵御敌人的入侵，狼与狼之间的竞争总是受到了一定程度上的制约。母狼会哺育幼狼，其他的成年狼也会这么做，在它们中间是很少发生斗争的。其实，狼的社会，也如人的社会一样，只是交际的语言不同罢了，它们同样有亲情、友情的表现，同样有喜怒哀乐。这便是狼，科学家们日夜研究的对象，这便是狼，神秘的狗的起源。

原始人类捕获无力自卫的幼狼后，最初是作为一顿美餐，后来，一些幼狼逐渐成为原始人的玩物被留下来。由于狼在成长过程中有一个特殊阶段，成长中的幼狼变得很合群，有些自幼就在原始人中间长大的狼渐渐地自认属于“人群”，这就意味着狼开始变成狗了，此时它们依然具有狼的灵敏听觉与嗅觉。聪明的原始人有意留下一些幼狼豢养，并繁育后代；在这个过程中，“优胜劣汰，适者生存”的法则得到了淋漓尽致的发挥，那些野性太强或者过于怯懦的狼被原始人淘汰，剩下的那些既勇敢又易驯服的便变成了真正的狗族成员，成为人类的共存者和捕猎、生活的助手。

狼

狗的传奇

凭直觉救人的爱犬

据报载，不久前，一位英国妇人带爱犬上街。突然，身边的爱犬停下脚步并竖起双耳，片刻之后，即疯狂地拽着女主人往家里跑。进得家门，爱犬立即冲向窗台，女主人奔过去一看，眼前的情景差点使她的心都跳出来：只见两岁的女儿正躺在窄窄的窗台上，随时都有掉下去的可能，她赶紧抱回女儿，这只犬的直觉神奇得让人不可思议。

第四节　狗的起源地在中国吗?

我们狗族起源于狼已经得到大多数人的认可，那么我们究竟起源于何地呢?人类心中的好奇总是驱使着他们进一步走近那个古老而遥远的时代，探寻那个千年难解的谜团。

过去，许多专家都曾为狗族的来源作过研究，并在以色列发现一块有一万两千年历史的犬科动物颚骨，所以推断我们可能源自中东。不过，根据最近瑞典科学家的研究结果，却显示宠物狗的祖先极有可能源自中国。

瑞典科学家在分析全球逾500种狗只毛发样本后，发现所有狗族成员几乎都有着相同的基因库，而其中东亚狗只的基因变异较多，故相信我们狗族的祖先，很有可能源于东亚。研究人员指出，约在一万五千年前，居于中国或附近的人类将野狼驯养成家犬，它们就是家犬的始祖了。后来随着人类迁移，家犬被带到欧洲，而在一万二千至一万四千年间，再由猎人从白令海峡带到北美洲去，辗转再带到南美洲乃至世界各地，从此家犬便遍布于全世界，并繁殖出不同的品种。根据最新的基因研究结果，我们狗族的所有成员，包括美洲的纽芬兰犬，甚至爱斯基摩犬，都是亚洲狼的后代。

研究人员分析了亚洲、欧洲、非洲和美洲极地654个狗族成员的母系遗传的DNA，发现将所有的成员分成五群，其中95%的成员可以追溯到特定的雌狼，再往前追溯，可以追溯到4万年前的一头狼。遗传多样性在东亚如中国、泰国、韩国和日本比欧洲、西非和北美更明显，这表明东亚狗是我们最古老的族群。

全世界的家犬现在品种很多，形态也有很大的变化，在中国东北发现的更新世（地质年代，距今300万—200万年至1万年前）的动物化石中就有家犬的头骨，此一发现似乎表明，中国北部的东胡、戎、狄、肃慎等先民较早驯养了我们。在河南安阳、河北磁山、西安半坡、山东大汶口、江苏常州等地区，均发掘到全新世后期（距今约5200—3000年）家犬的骨骼化石，因此可以肯定中国也是家犬的起源地之一。

综上所述，研究人员推断家犬的发展历史大致如下：

15000年前：亚洲某部落驯养的首批狼，为家犬的前身。

14000年前：家犬随人类迁移到世界各地，包括欧洲、非洲等。

14000—12000年前：狗只散布至澳洲。

12000年前：狗只在美洲和以色列出现。

总结一下吧：现在人类比较公认的是狗族起源于狼，并且是狼在人类的驯服下一步步演变而来的。科学家通过一次次的实验，才得出了这个令人震惊的结论。更为令人兴奋的是，我们狗族的起源与古老的中国有着割不断的关系，古中国的文明与进步可以通过我们看出一点点影子，这是对历史的感恩，这亦是对我们这个家庭的热爱吧！不然，又何必如此费心地去追寻那个所谓的起源呢？站在今天，遥望历史的长河，仿佛又出现了与人类相处的一幕幕戏剧，悲与喜、欢乐与痛苦是那么地让我回味无穷，又是那么地让我感激上苍的仁慈与怜爱。

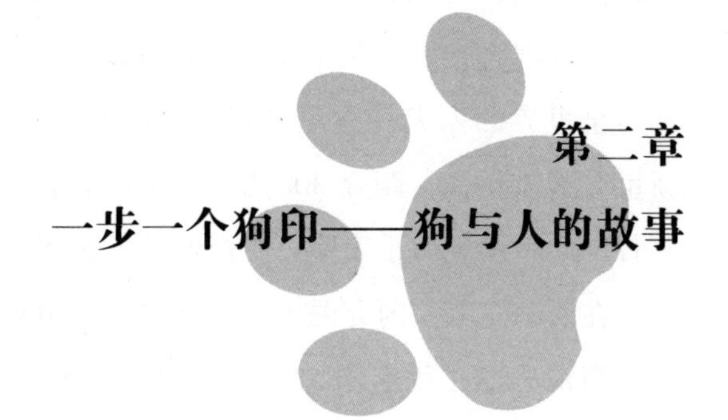

第二章
一步一个狗印——狗与人的故事

第一节　狗的民俗与传说

我们狗族以忠诚的形象出现在中外神话故事当中，那些关于我们的故事都给人们留下了非常深刻的印象，它们感动了无数人，更让无数人向往不已。由于我们身上所具有的高尚品德，使得我们非常荣幸地成为了某些“创世神话”的主角。

我们在六畜中被视为最有灵性的动物。早在原始时代，就产生了人类对我们狗族的图腾崇拜。古埃及氏族严禁捕杀的动物中就有我们的名字，因为他们认为我们是氏族祖先的亲族。希腊古典神话中也有关于我们的故事，如地狱的看门者就是长着三个头的大狗，它的任务是不让亡灵逃出冥国，也不让生人进入冥国。

中国汉族神话中，天宫二十八宿之一是“娄金狗”。《西游记》描写孙悟空大闹天宫，最后是被太上老君的金刚琢打翻，又让杨二郎的啸天犬咬着腿肚子后才被擒拿的。

中国西南少数民族中关于我们的神话更为丰富。例如纳西族创世神话中说，开天辟地之时，天上有九个太阳十个月亮，暴热暴冷使得万物不生。后来，天神捏出三只白泥狗和三只黑泥鸡。狗叫，九个太阳并成一轮照大地；鸡鸣，十个月亮并成一个照大地，万物才得以繁衍生长。

再如瑶族始祖故事讲述，南越王被敌人擒获，他的母亲传令说谁能救王归来，就把王的女儿许配给谁。南越王素日养的一条叫“盘瓠”的狗最终救出了王。“盘瓠”的后代就是瑶族人，他们以盘为姓，以我们为图腾。

壮族传统节日中有狗肉节，流行于广西靖西、隆林、德保一带，每年夏历五月初五或二月二十二日举行。相传狗有扬正祛邪之灵，是日为其显灵之日。而吃狗肉能身体健康，益寿延年。所以狗肉节上家家屠狗过节，家贫无狗者则到圩场买些狗肉回家过节。

汉民族岁时风俗中有犬日，在农历正月初二。这一天，人们看天气阴晴占当年养狗是否兴旺，晴主育，阴主灾，届时人们对我们的喂养也较平时精心，以求犬类繁衍和发展。

布依族过年有祭狗的活动。旧时，每年“吃新节”晚上设宴祭祖后，紧接着祭狗，然后家人方可入席就餐。祭狗时家中年长者将“新粮饭”与三块猪肉放入狗食盆，边看狗舔食边念祭词，其意是感恩狗在天王处给人类带来粮种。此俗源于“寻谷种”神话。传说人类无谷种，选出寻谷者带狗出门寻种，至天王院前求索，天王不允，狗在晒谷场打滚，稻粒附于毛中，躲过天王卫士的检查，给人带来谷种。

旧时浙江地区有“蹲狗窝”的育儿风俗。婴儿出生后，家人给他穿上旧衣，然后放在狗窝里躺一下。俗谓猫狗命贱，婴儿可以顺利成长，同时还含有“小时着线，大来着绢”和防止娇生惯养之意。

江苏一带有“打狗饼”的丧葬风俗。为死者易衣后，必须以龙眼七枚，和面粉作球，悬系于死者手腕。迷信认为，人死后要经过恶狗村，死者须持饼以喂恶狗，故称打狗饼。

甘肃农村民间传统伙食有“狗拉羊皮”，是一种用手撕成的面片，不用刀切，而用手拉。相传农历正月二十日为女娲补天的日子，这一天各家忌动刀，不然会把天割开一个口子，引来大风沙，对农作物不利，故此日吃狗拉羊皮。

浙江杭州传统食品有“清明狗”。用糯米粉制作，呈小狗状。每年清明日做成，悬于庭中，到立夏日取下，用芥菜花同煮，给小儿服用，民间以为可免灾病。

台湾地区汉族岁时禁忌有赤狗日。俗称农历正月初四为“赤狗日”，当日不宜外出，不宜宴客，如犯此忌，将会全年或一世赤贫。

上海郊区有“忌狗哭”的生活禁忌。村子里听到狗哭声，人们以为是不吉利的预兆，不是死人，就是火灾，因此听后总要骂一声“断命狗”，以为如此可以破除晦气。

青海东部地区流行“狗占”的占卜方式。每年农历正月初一，人们在进食之前，先在盘中置各种食物端到我们面前让我们吃，我们吃什么食物，什么食物就有希望丰收。以此占验新的一年哪种作物收成最佳，并确定当年的种植面积。

在藏区，我们在藏族人心中享有一定的地位。每个去过藏区的人，都会感受到我们与藏族人民那种和谐而友好的关系。虽然我们是藏民族最早驯养的动物，但不管是过去和现在他们是禁吃狗肉的，更不随意杀狗，对吃狗肉，藏族社会中视为不可理喻和难以思议的事。反而在现今的西藏林芝和安多地区，在藏历新年或收获季节都要把盛满肉食、面食的大盆端出来，首先让我们享用的习俗。与此同时，在藏族社会中还流传着许多关于我们的动人故事。《阿初王子的故事》记述了阿初王子为了救人民于饥苦中，不畏艰辛终于从蛇王手中得到种子，但自己却中了蛇王的计，使自己变成了一只狗，叼着种子回来了，不但使人民吃上了香甜的糌粑，而且使自己得到了美满的爱情。因此，藏民族的祖祖辈辈想起我们狗族对他们的恩赐，就感激不尽，有一份特别的敬仰。几千年来，人们赋予了我们神奇无比的力量，以显示自己崇拜对象的神圣，成为一种习俗已根深蒂固。我们在藏族生活中还有镇邪驱祟的神奇作用，因为在我们的身上有一种无比强大的威慑力，可以镇服、驱除一些鬼怪邪恶，保护人的健康安全。

总之，人类从一开始就对我们有一种痴迷的崇拜，他们把我们更多地当作了自己心目中的“守护神”、“救命恩人”。千年而来，我们依然忠诚地陪伴着主人，而人类依然对聪明的我们倾注了生命里所有的热爱与深情。那么，有谁还会说我们与人类的感情不动人呢？又有谁还敢对人狗之间的真情表示质疑呢？

小故事

斗对联

清末，江南宣州城外有一财主，为富不仁，与四邻不睦。一日，隔壁穷家学童早起读书，惊扰了他的春梦，他爬起来在院中故意含沙射影骂道：“门外马嘶，想必腹中少料。”小学童立即“回敬”一句：“堂前犬吠，定然有眼无珠。”财主一听，这孩子才智非凡，日后定成大器，不敢再“斗”，缩头回房去了。

第二节　人狗情未了

我们从古至今以忠诚闻名于世界，也因此受到了人类的喜爱。所谓日久生情，在我们与人类相处的过程中自然而然就有了真情的产生。于是，在千年的历史进程中，就涌现出了许多关于人与狗之间的动人的故事。我们是人类的好伴侣，我们无私地陪伴主人走着生命里的每一步，不管主人贫穷还是富贵都会不离不弃，也正是这份“忠诚”让无数人痴迷，有的人还发出一声感叹；“狗也通人性啊，有时候，人还不如一条狗！”由此可见，人类对我们的热爱达到了何种程度，当然“世上没有无缘无故的爱”，是我们以自己的行动博得了世人的喜爱。

自从我们进入了人类的生活后，有关人狗之情的故事就不断地上演着。更有聪明机智的狗族成员在紧要关头舍身救主的故事，记得有这样的故事：主人带着狗去喝酒，可是在回家的路上，主人醉倒在了地上，身边是一堆熊熊燃烧的篝火，也许是上苍要考验这人与狗之间的感情，也许是上苍太嫉恨人与狗之间的友谊吧，风呼呼地刮起了，火也乘势而来，眼看就要烧到主人了，可是任凭狗怎么使劲地摇主人，主人都没有丝毫的反应，正在此时，狗灵机一动，就自己一次次跳入水中，用身上的水扑灭了熊熊烈火，主人得救了，可是忠诚的狗却累死了！

看着这则故事，人类怎能不为我们的那份忠诚感动呢？也许人类还会不禁感叹人与人之间的关系太过微妙与复杂，唯有人与狗之间的爱才显得如此真诚与纯洁。

有时候，我们的忠义行为甚至影响到了人类的历史进程，以及某一民族某一国家的命运前途。拿破仑在一次战斗中险些就没了命，多亏了他的爱犬救了他的性命，他的皇后在被囚禁时，正是通过一只我们狗家族的一名英雄来为她传递求救的消息的。

在中法战争时期，抗战英雄刘永福的一支“黑虎队”可是让敌人望风而丧胆，据说刘永福作战时向来都有一只凶猛无比的狗陪伴左右，和他一起并肩作战，共同经历成败荣辱，他的这只狗的名字就叫“黑虎”。清朝还没有建立之前，努尔哈赤在与明朝的一次战争中差点就送了命，也就是在此时此刻，一只狗救了他的命。

从此可以看出来的是，在有些时候我们对人类有着“再生”之恩，也正是主人平日里恩宠有加，才会有我们在危急关头的“情深义重”、舍生忘死，与此同时，也正是在风雨中的相濡以沫才使得那份人狗之情升华到了一个更高的层次。我们与人类在艰难中相互搀扶着，在冷漠中相互温暖着，人类始终不忘狗那份“雪中送炭”的友谊，我们也同样不忘主人的养育之恩，在彼此的热爱里，在我们与人类的相互感恩中，我们依然如故地在人类的漫漫长河里扮演着自己的重要角色。

在普通的生活中，人狗之情也在感动着世人，平凡的举动，一个个的小细节，也许看来是那么的微不足道，可是友爱与温暖的感觉就是在那不经意间表现了出来。一个残疾的男孩跪在地上乞讨，一只雪白的哈叭狗也跟着主人下跪，善良的市民纷纷慷慨解囊。一对夫妇为爱犬而离婚，主人在婚姻与狗之间选择了狗，狗自然而然地成为“第三者”，这也许让世人感到不可思议，但是细细一想也觉得可以理解，毕竟在现代的大都市里，人与人之间的冷漠与不可信任使得很多人在灵魂的深处没有安全感，即使是朝夕相处的夫妻，也难给有些人的灵魂带来真正的信任感，于是人们在无助中找寻着生命里那份救命的稻草，无意间，他们发现这并不懂人语的小动物，也懂得感情，也会温暖自己寂寞与空虚的心灵，更为重要的是它们永远不离不弃地陪伴自己走过风雨人生。一个孤独的老人花了十万元来厚葬自己的爱犬，这一举动一下子使得这只原本流浪江湖的狗也得以天下闻名，有的人感叹老人生活的凄苦，有的人赞扬人狗之情深，也有的人认为铺张浪费：有的人挥金如土，可是有的人却片瓦难支，要是省下这笔钱该有多少穷孩子可以上学了呢？暂且不必理会批判的意见，单就事物本身来看，人狗之情的确让人感动更教世人深思，这位孤独的老人并非没有子女，可是却无一人在身边，饱经沧桑的老人也是多么地渴望有着伴侣能陪自己安度晚年，于是这只幸运的狗就适时出现了，它给了老人精神上莫大的安慰，老人同样也给了它一个幸福安稳的家，而且是“集万千宠爱于一身”，面对外界的冷漠，人与狗相互温暖着热爱着，一只并不会说话的狗却胜似养育了几十年的儿女，老人为它挥金如土，也许在他心目中狗早已不是狗了，它已是一种精神的寄托，已成为了生命里不可少的一部分。

在意大利有一个关于狗的感人故事：一只叫波比的小狗，它的主人不幸去世了，在葬礼后的第三天中午，波比突然出现在以前经常光顾的酒吧，它显得疲惫、忧伤，浑身脏兮兮的。酒吧老板很可怜它，照例送上一个甜面包。饥饿的波比并没有当场吃，只是冲酒吧老板摇了摇尾巴，然后低着头叼着面包离开了。第二天、第三天……波比此后每天中午都会出现在酒吧，每一次都是低着头叼着面包离开了。原来，约翰去世后再也没有人照顾波比，而波比也从没有离开多年相依为命的主人。它每天都趴在那儿为主人守墓，只有下雨时才到教堂边上找个地方避一避。不少人试图收养它，将它带离墓园，可都遭到了波比的拒绝。1872年的一天，人们发现波比死在了墓地上，它在此陪伴了它的主人达十四年之久。人们破例将波比埋在了教堂，并建了雕像来纪念它的“忠义”之举。看了这样的故事，人类一定感慨狗的痴情，那十几年如一日的苦苦陪伴，世间又有几个人能够做得到呢？

总之，在过去的历史里，我们留下了无数的传奇，我们的故事总是震撼着人类的心灵，我们的举动总会博得世人的欣赏与宠爱，可以毫不夸张地说，如果没有我们，人类的灵魂会更加地孤独，如果没有我们，历史也许会是另一番情景；而有了我们，才有了更加丰富多彩的生活，有了我们，人类才有了一份心灵的安全感。人狗之情的戏剧在继续上演着，不同的故事表达的是同样的意思，同样的热爱却又来自不同阶层的人们，其中有达官贵人，也有平民百姓，其中有风光时的陪伴，更有风雨阴暗里的救助。人类为什么对我们抱有着如此深刻的感情呢？其实，一切皆源于人类对真诚的追寻，一切皆源于人类在灵魂深处在冥冥之中对精神家园的向往。

第三章
我就是我——趣谈世界名犬

第一节　狗的分类

你知道我们狗族是如何分类的吗？

狗族身上有着太多的历史，又有着各种各样复杂的关系，这使得它的分类也变得多种多样，目前，人们通常把犬分作七大类，分别是：枪猎犬、猎犬、工作犬、梗犬、玩赏犬、伴侣犬、牧羊犬。

想知道详细的内情吗？那么，就让狗王汪汪来为你答疑解惑吧！

世界各地对于犬的分类各有不同，美国的分类法是被广为接受的一种。它是根据狗最初被人们所应用的领域而将其分为七大类的，下面让我来一一为您介绍吧：

1. 枪猎犬

这种犬生性活泼好动，而且具有很高的警觉性，是一种很惹人喜欢的宠物犬。它们自身非常聪明，能够顺利地捕猎目标，追踪猎物，和拾回猎物。

指标犬、可卡犬、英国可卡犬、金毛寻回犬、拉布拉多寻回犬、威斯拉犬、威玛猎犬等都属于枪猎犬。

2. 猎犬

这种犬具有古老的狩猎性，它们的嗅觉非常灵敏。它们依靠这种特殊的本领去追踪猎物，而且它们奔跑的速度也非常快。

阿富汗猎犬、巴赛特猎犬、比格猎犬、寻血猎犬、苏俄牧羊犬、腊肠犬、灵缇、挪威糜缇、罗得西亚背脊犬、沙克犬、惠比特犬等都属于这种类型。

3. 工作犬

这类的犬大多形体都很大，很强壮，并且很温顺。它们主要从事的工作有守卫、运输（如拉雪撬）以及导盲。

秋田犬、阿拉斯加雪橇犬、伯恩山犬、拳师犬、德国杜宾犬、大丹犬、大白熊犬、纽芬兰犬、圣伯纳犬、雪那瑞、西伯利亚雪橇犬等都属于这个类型。

4. 梗犬

它是近几百年来英国培育出来的品种。这种犬的特征是很活跃，而且非常地好奇，精力充沛，体态大都较小，与此同时更为引人注目的是它的样子很有特色，以致受到了很多人的喜爱。

万能梗、澳洲梗、贝林登梗、伯德梗、牛头梗、杰克拉西尔梗、迷你雪那瑞、诺里奇梗、西部高地白梗、猎狐梗等属于这种类型。

5. 玩赏犬

这种狗在很早的时候被中国的宫廷当作宠物来饲养。此类犬的特点是体型较小而且驯良忠实。

查理士王小猎犬、吉娃娃、中国冠毛犬、日本仲、迷你贵宾犬、蝴蝶犬、北京犬、博美犬、巴哥犬、西施犬、约克夏梗等都属于这一类犬。

6. 伴侣犬

这类犬没有什么共同的特点，也没有相似的长相。它们的面容、体态及毛色都没有共同点。这类犬是一些不属于其他六大类犬的总合。

卷毛比雄犬、波士顿、斗牛犬、松狮犬、拉萨犬、贵宾犬、沙皮犬、柴犬、西藏梗等都属于这一类。

7. 牧羊犬

这类犬虽没有像猎犬般古老，但它们在几千年前就开始管理牧群了。这类狗的反应灵敏，聪明并且有很好的体力。

澳洲牧牛犬、比利时牧羊犬、法兰德斯牧牛犬、粗毛牧羊犬、德国牧羊犬、古典英国牧羊犬、苏格兰牧羊犬、威尔斯柯基犬等都属于这类犬。

除去以上的分类外，还有一些其他的分类方法，我也顺便给大家介绍介绍吧：

（1）根据狗狗用途分类法：

狗的用途很广，可以用来狩猎，可以用来玩赏，可以用来从事特殊工作或服役。狗按照用途和繁殖目的可以分为：狩猎犬，枪猎犬，梗类，工作犬，玩赏犬和家庭犬。

狩猎犬（又称“提”）：狩猎犬主要用来帮助人类狩猎，寻找猎物，阻止猎物逃跑，或按主人的指示追捕猎物，或取回被打中的猎物等。也可以用来看家护院，保护安全等。除像沙乐基犬、威玛拉娜犬等用来一般狩猎的犬外，很多狩猎犬本来有专门的用途，如猎狐、猎熊、猎兔、猎狼等。

枪猎犬（又名“黄”）：主要用来猎麻雀的。善于帮主人寻找猎物。也会伺机而动帮主人取回猎物。这类犬有可卡犬、日本狮子犬、英国史宾格犬等。

梗：梗多是嘴尖灵巧，嗅觉极其敏感。善于钻穴掘洞，捕捉狐及獾等小动物。尤其善于捕鼠，在犬类中是有一些特殊作用的个体。梗中有相当一部分属于观赏犬，如西藏狮子狗、威尔斯提、丝毛提等。主要有牛头犬、凯恩犬、爱尔兰犬、湖区犬、日本提等。

工作犬：工作犬大多体形较大。经过训练后可以帮助主人完成一些工作。它们忠于职守，机警聪明。有优秀的判断力和自制力，是对人类贡献最大的一类犬，也常用来在军中服役。工作犬分为牧羊犬、斗牛犬、导盲或救护犬、赛跑犬、拉车犬、警犬。

玩赏犬：专供人欣赏嬉戏的犬种，外型漂亮，惹人宠爱。玩赏犬有吉娃娃、蝴蝶犬、马尔他犬、博美犬等。

家庭犬：专门用来看家护主的犬。性格稳定，随便亲近。这类犬有罗德西亚脊背犬、秋田犬、大丹犬、斗牛犬、狮子狗等。

（2）狗狗体形分类法

世界犬类按体形可以分为：超小型犬、小型犬、中型犬、大型犬、超大型犬。

超小型犬：是体形最小的一种犬。是指从生长到成年时体重不超过 4 公斤，体高不足 25 厘米的犬类。体型小巧玲珑，格外受人宠爱，是玩赏犬中的珍品。也称“袖犬”、“口袋犬”等。超小型犬有吉娃娃、拉萨狮子狗、法国玩具贵宾犬、博美犬、腊肠犬、马耳他犬等。

小型犬：是指成年时体重不超过 10 公斤，身高在 40 厘米以下的犬类。比如：西施犬、哈叭狗、冠毛狗、西藏狮子犬、小曼彻斯特犬、猎狐犬、威尔斯柯基犬、可卡犬等。

中型犬：是指犬成年时体重在 11—30 公斤，身高在 41—60 厘米的犬种。这种狗天性活泼，有的有着像羊般卷曲的体毛，活动范围较广，勇猛善斗，通常作狩猎之用。通常用链条拴着或者关着。这类犬分布广泛，数量最多，对人类的作用也最大。比如：沙皮狗、松狮犬、昆明犬、潮汕犬等；斗牛犬、甲斐犬、伯瑞犬、比利牛斯牧羊犬、拳狮犬、威玛拉娜犬、猎血犬、波音打犬等。

大型犬：是指犬成年时体重在 30—40 公斤，身高在 60—70 厘米的犬。大型犬体格魁梧，不易驯服，气大勇猛。常被用作军犬和警犬。它们与人类有深厚的友谊，忠于主人。比如：秋田犬、英国猎血犬、斗牛犬、老式英国牧羊犬、德国洛威犬、杜伯文警犬、巨型史猱查提、阿拉斯加雪撬犬、大麦町犬等等。

超大型犬：是指成年时，体重在 41 公斤以上，身高在 71 厘米以上的犬种。是最大的一种犬。数量较小。多用来工作或在军中服役。比如大丹犬、大白熊犬、圣伯纳犬、纽芬兰犬等。

（3）依覆毛长短分类：

长毛犬：如蝴蝶犬、狐狸、喜乐蒂牧羊犬、松狮犬、阿富汗猎犬等。

短毛犬：如巴哥犬、波士顿梗、獒犬、威玛犬、拉布拉多猎犬等。

（4）纯种犬或杂种犬

纯种犬：纯种犬外型较优美、体态较匀称，较适合室内赏玩用或特殊饲养目地；且纯种犬经多年来品种改良，依其品种的不同，其个性、功能性、体型也各有特色。

杂种犬：一般人会认为杂种犬抵抗力较强、较容易饲养。

第二节　趣谈世界名犬

亲爱的人类朋友，下面为您介绍一些我们狗家族的中的骄傲的个体——名犬：

神奇的藏獒受到了世人的宠爱，它被称为“东方神犬”；

沙皮狗可是少有的珍贵品种，它身上的传奇使得人狗之情演绎得更加地深切与浓重；

万能梗正如它的名字一般，可是有着高强的本领，既能猎水獭，又能游泳，而且更让人称奇的是，它被用在了军事上，成为战争中的“英雄”；

高大机灵的秋田犬有着忠诚的品性，更有着让人感动的故事与传奇；

北京犬是以勇气与大胆而著称的，它与清王朝的故事不仅感动了无数的中国人，也感动了外来的侵略者；

湖畔梗可是有名的工作犬，它那超强的工作能力往往让人类叹为观止；

西施犬可是中国宫廷的宠物，它集“万千宠爱于一身”，而且非常令她值得炫耀的是：她也漂洋过海到外面去见识了一番；

八哥狗是富有魅力的狗，虽然并没有倾城倾国的美貌，可是它受到了无数人的喜爱，作为宠物狗它可是风光无限，而且它还被冠以“荷兰英雄狗”的美名；

卷毛比熊犬有着喜气洋洋的个性，不过它的命运却充满着大起大落，有得意时，也有悲惨时，所不同的是这种狗一直以来都有着良好的心态，它表现的“不以物喜，更不以己悲”；

……

原来名犬还有着如此多姿多彩的生活历程，原来名犬身上还有如此之多似解而又未解的谜，那么就让狗王汪汪来向你作一个详细的讲述吧！

藏 獒

狗狗简介

藏獒，又名藏狗、番狗，产于雪峰。藏话叫它“多启”，“多”是拴住的意思。藏獒性格刚毅，力大凶猛，野性尚存。偏肉食，抗病力强。护领地，善攻击，对陌生人有着强烈的敌意，但对主人亲热至极，任劳任怨。

它能牧牛羊、能解主人之意，能驱豺狼虎豹，是世界上唯一敢与猛兽搏斗的犬类。在西藏被喻为“天狗”，西方人在认识了藏獒的神奇后，称其为“东方神犬”。它有着大智若愚、大勇若怯的气质。藏獒的目光很典型，它总是微微闭着双眼，眼神之中含有一种蔑视的神态，那种处变不惊的沉稳气度颇具王者风范。

整体外观：强壮有力，体型巨大，骨骼、肌肉发育良好，威严肃穆，表情平静。

头部：头面宽阔，头骨宽大，枕骨、额明确，枕骨至上额和上额到鼻尖的比例相等，但鼻子的长度短些。

眼部：眼睛有神，黑暗中闪亮，中等尺寸大小，呈深浅不一的褐色。

耳部：耳朵较大，呈三角形，自然下垂，紧贴面部靠前。警觉时自然竖起。耳部覆盖着柔和的绒毛。

嘴部：前上齿、前下齿平整，上部和下部呈剪式咬合，齿列紧紧结合，以使下颚（唇）呈方型，保持鼻筒立方体的形状。

颈部：粗大，肌肉发达，极少垂肉，呈弓型，覆盖直立的鬃毛。

皮毛：毛发厚（密）而长，冬季比夏季更浓密，公犬比母犬的毛发要长，颈部和肩部（及背部）有更长更粗的毛。前后小腿后部有较长的毛发。

趣话狗狗

藏獒是举世公认的最古老而仅存于世的稀有犬种，在古老的东方有关藏獒神奇的传说已被神话为英勇护主事迹的化身。它漂亮、雄壮、威武的气势更使凶残动物如狮豹、野狼不寒而栗，而且它具有忠心护主的天性，不仅是游牧民族的最佳保护犬，同时也被认定是国王、部落首长的最佳护卫犬。

藏獒产于中国西藏和青海，被毛长而厚重，耐寒冷，能在冰雪中安然入睡。性格刚毅，力大凶猛，野性尚存，使人望而生畏。护领地，护食物，善攻击，对陌生人有强烈敌意，但对主人极为亲热。是看家护院、牧马放羊的得力助手。它壮如牛、吼如狮、刚柔兼备，能牧牛羊、能解主人之意，能驱豺狼虎豹。据藏族同胞介绍，一条成年藏獒可以斗败三条恶狼，可以使金钱豹甘拜下风。在西藏被喻为“天狗”。西方人在认识了藏獒的神奇后，称其为“东方神犬”。

藏獒因为生活地区不同，在外观上也有差别。目前品相最好的上品藏獒，出于西藏的河曲地区。这种藏獒有典型的喜马拉雅山地犬的原始特征：茂密的鬃毛像非洲雄狮一样，前胸阔，目光炯炯有神，含蓄而深邃。喜马拉雅山脉的严酷环境赋予了藏獒一种粗犷、剽悍美、刚毅的心理承受能力，同时也赋予藏獒王者的气质，高贵、典雅、沉稳、勇敢。还有一种藏獒出于青海地区。这种藏獒几乎没有鬃毛，身上的毛也比较短，体型却更大！但是它的性格没有带鬃毛的藏獒凶猛、沉稳。

狗事档案

马可波罗是这样描述它的：你大概不会相信，在这个地方会有这么大得吓人的狗，真是凶猛而大胆得不得了。依我看，只要有两只这种狗，就会向狮子进攻，甚至击败它。因此每个出远门的人，最好带着一对这种狗。当狮子出现时，它们将表现出极高的胆识，就算狮子想攻击它们，也碰不到一根毫毛，因为它们非常地灵活，可以轻而易举地避开攻击。

还有一个故事说到，一位美国当地的妇女，遇上了一头斗牛藏獒，试着想逃跑开，后来她放弃了，但是，谁也没想到的是，这种狗的最大美德就是绝不攻击坐下来的人。

从前的藏獒是用来斗狼的，但是今日的它不再是战争的代表了，它成了和平的使者。这种狗如果经过适当地训练，是可以成为最佳的守卫犬和贴身保镖的。

沙皮犬

狗狗简介

沙皮犬是一种机警、活跃、结实的狗，它拥有中等体型，正方形轮廓；比例非常协调的头部略显沉重，但相对于身躯不显得太大。短而粗糙的被毛、松弛的皮肤覆盖着头部和身躯，小耳朵，“河马式”的口吻，位置很高的尾巴，使得它具有独一无二的特殊外貌。

体型：肩高18—20英寸。体重45—60磅。雄性通常比雌性略大一些，且身躯更接近正方形，但两种性别都非常匀称。沙皮犬的马肩隆到地面的距离，与从胸骨前端到臀部后端的距离大致相等。

头部：头骄傲地昂着，前额覆盖着大量的皱纹，并且从两侧延伸到脸部。

眼睛：颜色深，小，杏仁状，且凹陷，似乎显示出愁眉不展的表情。颜色浅

的狗，眼睛的颜色可能也浅。

耳朵：极小，较厚，等边三角形，尖端略圆；耳朵边缘卷曲。耳朵靠着头部平躺着，位置高，距离较宽，朝向脑袋前面，尖端指向眼睛。

颈部：中等长度，丰满，与肩胛结合的位置良好。颈部和喉咙有略显沉重的褶皱，及松弛的皮肤和丰富的赘肉。

被毛：这种犬的被毛极度粗硬，而且非常直，且竖立在身体的主要部位，但一般四肢的毛发都平躺着，且略显平坦。毛发显得健康，但没有光泽。

气质：它的身上具有王者之气，警惕，聪明，威严，镇定而骄傲，天性中立而且对陌生人有点冷淡。

趣话狗狗

沙皮犬名称来自其强韧的被毛，“沙皮”中国语为“鲨鱼皮”或“沙纸”的意思，世界上最珍贵之犬种之一。皮皱而下垂，性情愉快且温柔，一点也不像“中国的斗犬”。与其他狗决斗时，常常取得胜利，因为此犬有不容易被咬破的宽松皮肤。此犬目前是世界上最珍贵的犬种之一，它所到之处总是引起人们的极大关注。

在中国汉朝时代的绘画，可以看到近似沙皮犬的画像，因此，沙皮犬的历史来源可追溯到公元206年。有人认为此犬系2000年前生长在中国北部及西藏地区的现已绝种的大型犬的后代。沙皮犬品种有一段时期面临绝种的危险。1947年，中国犬税大涨，许多沙皮犬的饲养者，因得不到丰厚的利润，而停止饲养，使之数量减少。

沙皮犬独立性强，彬彬有礼，喜欢与人亲近，能给人带来欢乐。沙皮犬是健康的犬种。但较易患眼病，必须及时治疗，防止失明。沙皮犬非常特殊，适合在家中饲养，十分爱干净。有的小狗可以自我训练。在被当作中国斗犬的年代中沙皮犬之所以能长时间做连续的攻击，完全是因为饲养者的挑唆。

狗事档案

就沙皮狗的祖先獒犬而言，有着一个非常神奇的传说：四千年前，高兴王为了招揽各路好汉击败吴国，愿意提供大笔土地和千两黄金做为奖赏，并把公主嫁给能带回敌人首级的好汉。

这个时候，皇上养的一只五色狗渊玉正专注地聆听这个消息，它没有听完就起身离宫。之后，它像一名勇士所能做的那样，叼着敌军将领的头发，将首级带给了皇上。但是，皇上却拒绝了以前的承诺，不过，公主却认为，既是诺言，就得遵守。

于是渊玉就领着它的新娘，走到南岭，住在当地的石洞中。他们生了六个儿子，六个女儿，长大后各自嫁娶自己的兄弟姐妹。他们自由自在地过日子，除了所定的规矩外，不听任何人指挥。他们用树皮做衣服，衣服上还做有一条尾巴，用以纪念他们的父亲。

万能梗

狗狗简介

万能梗是梗类特大型梗，它的名字取自其原产地约克夏郡的“Airedale”溪谷。强壮且具有活力，愿意游泳，尤其喜欢在水中生活。万能梗是水獭犬与已经绝种的黑褐梗配种改良产生的品种，通常被用来猎水獭、熊、狼、山猪、雄鹿等。第一次世界大战中首次被英国陆军当作守卫及传令任务的军犬使用，曾有一只名叫杰克的万能梗，因在战场上的勇敢表现，死后荣获维多利亚十字勋章。

体型：正常肩高约23英寸，母狗可能略矮一些。

头部：头颅和脸在外观上只有很小的差异。头颅很长，脸颊平坦，耳朵间的距离不太宽，眼睛间的距离略窄。头皮没有皱纹，平静时几乎看不见，面颊不丰满。耳朵位于头部两侧，V形。面颊深、结实、有力，而且肌肉发达。眼睛颜色深、小、不突出，热情而聪慧。嘴唇紧。鼻镜为黑色。

颈部、身躯、后躯：颈部长度和厚度适中，向肩部逐渐加粗。皮肤紧，不能松弛。

被毛：被毛硬、浓密，并且紧紧地贴在身体上，覆盖了身躯和腿部。最硬的一些毛发呈卷曲状或轻微的波纹状。在坚硬的毛发下面，是长度较短而且较软的底毛。

颜色：头部和耳朵为棕色，耳朵颜色比其他地方略深。头颅一侧出现深色阴影是允许的。大腿和肘部以下、身躯下半部分及胸部也是棕色，棕色还延伸到肩膀。身躯上半部分两侧，是黑色或深灰色。黑色中有时会混有红色。

趣话狗狗

约在1850年时，现已绝迹的英国黑猎梗和水獭猎犬配种，生下万能梗。它的名字来自英格兰里兹市附近的爱尔河，一条水源丰富、处处可见水獭嬉戏的小河。如果它的体形和敏锐的嗅觉是遗传自水獭猎犬身上，那它猎取食物的天分，就必定来自其他血缘。这种最大的“陆生犬”或梗犬，之后也渐渐被用来猎捕大型猎物。

在1920年代的美国，万能梗给人的印象十分深刻良好，以致人们用它那活泼的个性来形容人，那些爱管闲事的人往往被称为“万能梗老兄”。二次大战期间，它以高效率完成了漆黑的战壕中担任信差的职务。虽然，它的名气在扶摇直上，不过到了50年代，它的数量却开始慢慢减少。

有些万能梗具有认计程车的本领。有这样一个故事：狗的主人布斯·弥森就读于普林斯顿大学，因为学校禁止带狗进入宿舍，所以当狗来到学校探望他时，他就叫计程车把狗带回家。几天以后，那只狗带着一个同伴去学校找自己的主人，可是恰在这时主人不在。狗在失望之余，跳进了以前带它回家的计程车里，沿路回到了家里。

从此以后，不论何时，只要狗想去学校，就会自己跑去普林斯顿大学，而且只要主人不在，它们就会招来熟识的计程车回家，后来，司机也习惯了这种“狗到钱到”的交易。

寻血犬

狗狗简介

寻血犬是一种典型的以嗅觉捕猎的狗。它非常强壮，皮肤的质地薄，非常松弛，这一点在头部和颈部更加明显，在这些部位，皮肤松松地挂着，有很深的皱纹。

表情：它的表情高贵而威严，显得严肃、睿智。

脑袋：脑袋长而狭窄，后枕骨突起处非常明显。眉骨不很突出，但是由于眼睛比较深，所以，眉骨会显得较为明显。

眼睛：眼睛深深陷入眼窝中，眼睑呈菱形或钻石形，结果是下眼睑外翻，像上唇一样下垂。

耳朵：耳朵摸上去的感觉薄而柔软，极长，位置非常低，下垂并带有优美的褶皱，下半部分向内向后卷曲。

颈部：颈部长，肩胛肌肉发达，向后倾斜；肋骨支撑良好；胸部向下放置在两腿中间，有足够的深度。

气质：这种犬极度和善，它既不喜欢与同伴吵闹，也不喜欢与其他狗吵闹。天生有点羞怯，而且特别敏感。

趣话狗狗

寻血猎犬是世界上品种最老及血统最纯正的数种猎犬之一，也是体型最大的嗅觉猎犬之一。脸部和颈部皮肤上的皱褶，造成出名的哀痛表情，也因此使人们误解了它具有活泼、积极的天性。虽然外表凶猛，本性却非常友善。吠声悦耳，十分引人注意。祖先可能是古代的圣·休伯特猎犬，据认为可能是十字军东征时，由参战的士兵带回欧洲。有个独一无二的鼻子，使它有绝佳的嗅觉；对于猎物，它只会追踪但从不杀死。虽然看来有些凶猛，它却是孩子们的好伙伴及家中的好宠物，它既是展览的明星，又常被警察征召担任追踪任务，同时它也在数部电影中出现。寻血猎犬是犬界中搜索能力最强的犬种，无论是在中世纪或二十世纪的现今社会，它已是警界使用于寻找失物、孩童、毒品、炸药等的最热门犬种。

寻血猎犬性格温顺和善，外表迷人，体力很好，嗅觉非常灵敏，耳朵大又长，脸皮皱皱的，很像历尽沧桑的老公公。因此，近年来经常在各种传播媒体中亮相，其忧郁的眼神、羞怯的个性，颇能抓住观众内心深处那股怜惜的感情。寻血猎犬个性内敛、保守，易深思熟虑。平时居处户内时安静而顺从，与人类相处则忠诚且善良。

秋田犬

狗狗简介

秋田犬高大、有力、机灵。头部宽阔，口吻深，小眼睛，立耳，耳朵向前伸，与颈部成一直线，是这一品种的显著特征。大而卷曲的尾巴，成比例的宽大的头部也是这一品种的显著特征。

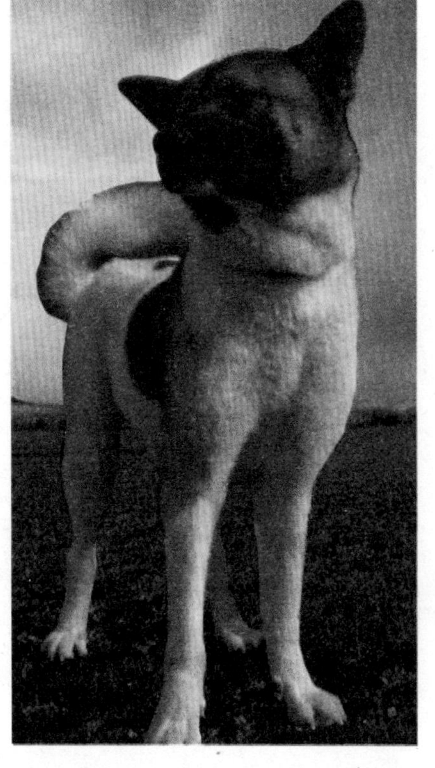

头部：粗大，但与身体比例恰当；休息时，没有什么皱纹；两耳朵间的头颅宽而平；颌部呈正方形，从上部观察，头部轮廓呈钝角三角形。

耳朵：秋田犬的耳朵是这一品种的显著特征。它们有力地直立着，很小。如果向前折叠，其长度使耳朵尖正好触及上眼角。耳朵呈三角形，耳尖略圆，耳根宽，耳根位置距离较宽，但耳根位置不能很低，略向前伸，超过眼睛，与颈部成同一直线。

眼睛：深褐色，小，位置深且外形为三角形。眼圈为黑色。

颈部：粗壮且肌肉发达；较短，向肩部逐渐加宽。在头颅下部有显著的突起。

被毛：双层毛。底毛厚实、柔软、浓密，而且比披毛略短。披毛直、粗硬，而且竖立在身体上。头部、腿部和耳朵的毛发略短些。马肩隆处和臀部毛发的长度约 2 英寸，比身体其他部分略长些。

气质：秋田犬警惕且反应迅速，威严而勇敢，对其他狗有很强的攻击性。

趣话狗狗

日本秋田犬因原产地秋田县而得名。属尖嘴犬系，力强壮，爱好运动的品种。在日本被用来作斗犬或警备犬，现在在世界各地亦成为十分受欢迎的家庭犬。秋田犬擅于在雪地里或水中寻找被猎手击落的猎物，并将猎物取回。现在，日本秋田犬已经不被用来狩猎了。

日本秋田犬属日本本地犬中大、中、小三种类型之最大者，一直被用来狩猎。数百年来，以斗犬而闻名，遗憾的是斗犬活动早已被禁止了。为了加强此犬的斗技，使之更雄壮、硕大，饲养者便经常用其他品种配种，产生了令人忧虑的杂化现象，好在今日之品种已经固定了。秋田犬在日本曾经有对主人忠贞不渝的感人传说。据说，有一只犬在九年的时间里，每天在车站等候已经死去的主人，为此在东京涉俗车站为其塑了一尊铜像。第二次世界大战后，秋田犬随美军到达美国。

狗事档案

有这样一个传说，日本统治者想要烧毁一座与皇宫相似的民宅，当屋主献给统治者一只白犬时，竟使他打消了烧毁房屋的念头，这只狗便是秋田犬的祖先，它后来成为宫廷的一员。

秋田犬以家庭为重，但是对不熟悉的陌生人，它会变得易怒。秋田犬具有高度的敏感性，所以它很容易能留意到人类的感情变化。它们绝顶聪明、得体，具有高警觉性，许多日本妈妈们可以放心地把小孩留在家里由它来守护。

拳师犬

狗狗简介

中等大小，正方形比例，身体结实、背短，强壮的四肢，短、紧密而合体的被毛，这是拳师犬的特征。它肌肉发达、线条清晰，坚硬的肌肉被紧而光滑的皮肤包裹着。它步态稳固，富有弹性，步幅舒展，显得骄傲。它的表情警惕，性格稳定而易驯服，可以用作守卫犬、工作犬、陪伴犬。

体型：成年雄性拳师犬肩高22.5—25英寸；雌性拳师犬肩高21—23.5英寸。

头部：拳师犬漂亮的头部是由吻部和颅骨正确的比例所构成的。其口吻的长度约占头部长度的1/3，宽度为脑袋的

2/3。头部整洁，没有过深的皱纹。当耳朵竖立时，前额的皱纹很有代表性，皮褶从眉头两侧延伸到吻部两侧。

眼睛：眼大小中等，琥珀色，眼眶为暗色。

耳朵：剪耳，位于头顶。耳朵要剪的长而尖细，警惕时突起。

脑袋：头顶略拱，两眼间的前额略略下陷，与口吻连接处有明显的止部。面颊相对平坦，维持脑袋简洁的轮廓线，向口吻方向略略变窄，呈优美的锥形。

颈部：圆弧形，有足够的长度，肌肉发达，没有过多的赘肉。颈背以显著、优雅的弧线平滑延伸至肩部。

被毛：短、油亮、光滑的紧贴身体。

气质：天生是一种“听觉”警卫犬，它警觉、威严而且自信，举止显示出受约束的活泼，非常爱玩闹，对孩子非常有耐心和忍耐力。对陌生人警惕且保留，会显示出好奇心，但是非常重要的一点是，面对威胁会非常勇敢。它聪明、忠诚、友善而温顺，在严格管理下，将成为非常理想的伙伴。

趣话狗狗

拳师犬的祖先是獒犬种，中世纪时，用其攻击野牛，猎野猪与鹿。19 世纪时，和其他一些品种交配改良成现在的拳师犬。本犬尽管来自法国，名字却为英语“boxer”，象征着作战时的英雄姿态。

从 16 世纪以来，拳狮犬来源于一系列犬，这些犬为整个欧洲熟知。经过几百年，拳狮犬在德国发展到了完美的程度。在这之前，拳狮犬的祖先与现在的样子差别很大。有证据表明拳狮犬是西藏高原一种古老斗犬的众多后代之一。

拳狮犬与斗牛犬有血缘关系，它们都有莫洛苏斯血统。其他品种的犬很少有拳狮犬这样的勇气和精力。几个世纪以来，拳狮犬一直是迷人的浅黄褐色。

16—17 世纪的佛兰德挂毯上描绘了一些犬捕猎雄鹿、野猪的图画。这些犬类似在安大路西亚和伊斯彻曼德大量存在的阿拉诺猎犬。阿拉诺犬和马丁犬曾经被认为是同一种犬，它们要么是拳狮犬的祖先，要么与拳狮犬同一祖先。

所有欧洲犬都与拳狮犬有关系。经过长期科学育种，这种受人喜爱的德国犬不仅保留了原有的优良品质，而且外貌变得更加迷人。除了有斗牛犬的血统，拳狮犬还继承了梗犬的一些特征。19世纪中叶，在斗犬和斗牛非法化之前，拳狮犬和其他这种类型的犬一直被用来做斗犬。今天，拳狮犬已经成为社会的一员，仍保留着非凡的勇气和防卫能力，当需要的时候，也会进攻。此外，拳狮犬对主人非常忠诚。

狗事档案

瑞典的古老神话中，有三个美丽的公主被巨人抢走，并幽禁了起来，国王对每一个人许诺，只要是能解救她们的人，就可以娶其中一个女儿为妻，并获得王国一半的领土。许多权贵的战士试图要找到这三位公主，但都徒劳而返。后来有个小伙子带了三只小狗去挑战巨人。

其中有一只狗叫“咬将”，是一支斗牛犬；另一只叫“锐刀”，是一只杜宾犬；还有一只是“利耳”，应该是梗犬。其实，这三只狗加起来，就刚好等于一只拳狮犬，因此，拳狮犬恰好融合了这三者的血统。后来，这三只狗表现得一如其名，最后制伏了巨人，使年轻人得到应有的报酬。

可蒙犬

狗狗简介

可蒙犬是一种特别的、非常令人难忘的、高贵、勇敢、构造合理的品种。它高大、肌肉发达、骨量充足且体质良好，全身覆盖着厚厚的、绳索状的白色被毛。可蒙犬是羊群守护犬，但不是牧羊犬。它对陌生人有所保留，却热爱、专注于主人的家庭或它照顾的羊群，无私忘我，在家庭或羊群遇到攻击时，会奋起反抗。

体型：雄性可蒙犬肩高约27.5英寸；雌性可蒙犬肩高约25.5英寸，雄性可蒙犬体重在100磅；雌性可蒙犬体重在80磅，成熟的可蒙犬应该有足够的骨量和肌肉。

头部：可蒙犬头部巨大。头部的长度约为肩高的2/5，口吻和眼睛周围的皮肤颜色深。

眼睛：中等大小，杏仁状，眼睛的颜色为深棕色，眼睑为灰色或黑色。

耳朵：形状是长三角形，尖端略圆。耳根位置适中，长度能延伸到两侧的内眼角处。

脑袋：脑袋宽阔，两眼间呈很好的圆弧形，后枕清晰，止部适中。

颈部：可蒙犬肌肉发达，中等长度，略拱，无赘肉，使头部竖立。

被毛：具有浓密的被毛。幼犬的被毛相对柔软，但像绳索那样卷曲。年轻狗的被毛有时显得一团一团的。成年狗的被毛有两层，一层是像幼犬被毛那样的底毛，一层是粗糙、高低不平、卷曲的外层披毛。

趣话狗狗

可蒙犬原产地匈牙利，来源于9世纪。

可蒙犬是古老种类，在匈牙利繁殖发展了几个世纪。普通以为它是俄国某种犬的后嗣，是在降服马扎尔（即如今的匈牙利一带）时带来的。可蒙（komondor）这个词从16世纪开端在匈牙利文献中呈现，意指大型牧羊犬。1937年美国养狗人俱乐部予以承认，但因为二次世界大战，美国和匈牙利关系中缀，因而美国并没有进口也没有饲养这个犬种。在欧洲这一犬种几乎被战争消灭，只剩下十分少的犬只残留下来，并渐渐地在匈牙利重新发展，但数量非常有限，从二次世界大战完毕到1960年，匈牙利登记的数量大概仅有1000条左右。1962年美国养狗人俱乐部和匈牙利养狗人俱乐部重新建立关系，并恢复从匈牙利和欧洲进口可蒙犬。

可蒙犬是匈牙利家畜保护之王，今天在美国被看作是异乎平常的种类。肌肉发达，掩盖着密集的如白绒绳似的毛皮，维护它不受肉食动物的侵害。尽管它体型硕大，但并不粗笨，令人惊奇的疾速、灵敏和轻便。运动的疾速、体型的硕大、不相上下的皮毛和庄重的外貌令人敬畏。它英勇无畏，胜任维护羊群和其余家畜不受狼、土狼、野狗或人类窃贼的损害。可蒙犬在没有任何外援、没有得到主人任何命令的状况下，会十分认真地守卫羊群。一条成熟、有经验的可蒙犬会尽量留在需求它保护的事物四周，不管是羊群还是主人的家庭，它在追猎时，也不会离得太远，而且其特性是不会迷路。它无时无刻不在悄悄察看，以随时尽自己的捍卫义务。对家畜群、儿童或一只猫可蒙犬十分乐意施行本人的维护义务。作为宠物，可蒙犬会悄悄呆在房间，除非它感触到了威胁：它会变得无所畏惧地扑倒入侵者或打坏玻璃越窗而出和入侵者格斗。

北京犬

狗狗简介

北京犬是一种平衡良好、结构紧凑的狗，前躯重而后躯轻。它起源于中国，有个性，表现欲强，形象酷似狮子。它代表的勇气、大胆、自尊更胜于漂亮、优雅或精致。

体型：身材矮胖，肌肉发达。体重不超过14磅。体长略大于肩高。

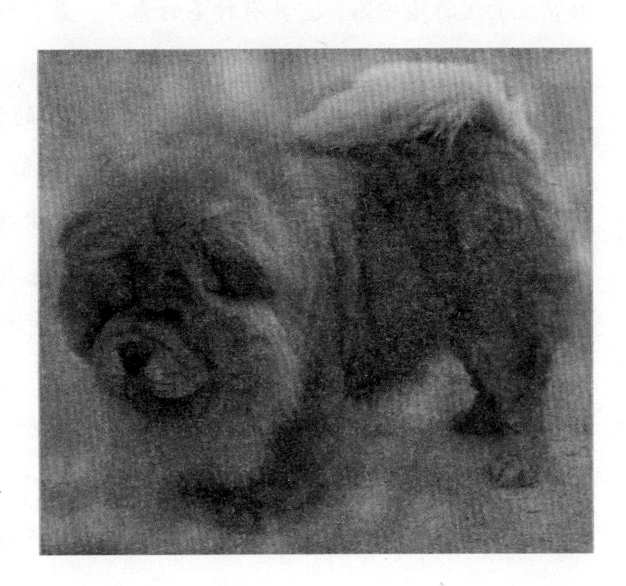

头颅：头顶骨骼粗大、宽阔且平。头顶高，面颊骨骼宽阔，宽而低的下颚和宽宽的下巴组成了其正确的面部结构。从正面观察，头部宽大于身，造成了头面部的矩形形状。从侧面看，北京犬的脸是平的。

下巴、鼻镜和额部处于同一平面。当头部处于正常位置时，这一平面应该是垂直的，但实际上是从下巴到额头略向后倾斜。

眼睛：非常大、非常黑、圆、有光泽而且分得很开。眼圈颜色黑，而且当狗向前直视时，看不见眼白。

耳朵：心形耳，位于头部两侧。正确的耳朵位置加上非常浓密的毛发造成了头部更宽的假象。任何颜色的狗的鼻镜、嘴唇、眼圈都是黑色的。

颈部：北京犬颈部非常短，粗，与肩结合。身体呈梨形，且紧凑。前躯重，肋骨扩张良好，挂在前腿中间。胸宽，突出很小或没有突出的胸骨。细而轻的腰部，十分特殊。背线平。尾根位置高；翻卷在后背中间。长、丰厚而直的饰毛则垂在一边。

被毛：被毛长、直、竖立着，而且有丰厚柔软的底毛，脖子和肩部周围有显著的鬃毛，比身体其他部分的被毛稍短。

气质：拥有帝王的威严、自尊、自信、顽固而易怒的天性，但对其尊重的人则显得可爱、友善而充满感情。

趣话狗狗

北京犬的东方血统和独特的个性使其在犬的世界里具有非常重要的地位。在北京犬的起源地中国，它具有神圣的意义，是一种福犬。有许多从象牙到青铜等多种材料制作的北京犬的雕像流传下来。

北京犬最早的起源时间已无从考证，最早的记载是从 8 世纪的唐朝开始的。最古老的犬一直保持纯种（只允许皇族饲养），偷盗这种犬将被处死。

今天的北京犬的特征可以在最古老的犬身上找到。在古代，北京犬有三个不同的名字。一个是狮子犬，由大头、厚厚的鬃毛和逐渐变细的后躯而得名；另一个是阳光犬，这个名字来自于一身漂亮的金红色被毛；第三个是袖犬，因体形很小常被主人放在宽大的袖中而得名。

北京犬被带到西方是在八国联军入侵中国时。八国联军在皇宫的帏帘后面找到了 5 只北京犬。据说皇宫里发现许多北京犬的尸体，皇帝下令将它们杀死，不愿让它们落入白种人的手中。英国人找到的 5 只北京犬颜色各不相同，其中一头浅黄褐色和白色两种颜色的犬被送给了维多利亚女皇。

北京犬从中国来到西方并未改变它的特性。它高贵又倔强，像一个帝王，要想让它服服帖帖很困难。虽然北京犬逐渐变得安静和好脾气，但仍非常喜欢游戏玩耍。尽管北京犬不具有进攻性，但它从不惧怕任何威胁，不会因害怕而逃走。北京犬精力旺盛，甚至超过许多体形比它大的犬。北京犬很容易照顾。

湖畔梗

狗狗简介

湖畔梗是在英国北部培育出来的，主要用来在崎岖不平的岩石山上捕猎害虫。它是一种小巧的、精致的狗，身体结构结实、呈正方形。它的身躯短而且较窄，使它能顺利地钻进石洞，完成工作。它有足够长的腿，使它能适应各种崎岖的地形。它的颈部长，光滑，背线短，尾根位置高。它的性格是快乐的、友好的、自信的，但没有强烈的攻击性。它有警惕性，并时刻准备出发。它的步态柔软而优雅，步幅适中，轻松。它的头部呈矩形，颌部有力，耳朵呈V字形。被毛为浓密的刚毛，口吻和腿部的饰毛长一些。

体型：成年湖畔梗的理想肩高为14.5英寸，误差范围为1—0.5英寸，母狗的理想身高比公狗矮1英寸。

头部：眼睛偏小，有些呈卵形，位于头颅的拐角，距离比较远。肝色或肝色和棕色的狗，其眼睛的颜色为较深的褐色到柔和的棕色，眼圈为棕色。其他颜色的狗的眼睛是柔和棕色到黑色，眼圈颜色为黑色。耳朵小，V字形，在头颅上方折叠，内边贴近脑袋，而外边靠近外眼角。头顶平坦，宽度适中，面颊平坦而光滑。

颈部：颈部较长，精致但结实；喉部没有赘肉，略呈拱形，靠肩部平滑且逐步变宽。马肩隆明显地高于脊背。背线——从马肩隆至尾巴的部分，短而水平。身躯结实而且柔韧。胸部偏窄，呈卵形，胸深到肘部。肋骨扩张良好。腰部紧而短，虽然母狗可能略长一些。适度收腹。尾巴尾根位置高。尾巴的姿势是竖直的，并略弯向头部。

被毛：双层毛，外层被毛为粗硬的刚毛，内层底毛紧贴皮肤。湖畔梗需要剥毛来维持其轮廓。脑袋、耳朵、前胸、肩部和尾巴后面的毛发需要剪短，显得平滑。身体上的被毛略长，可能呈轻微的波状或笔直。面部和腿上的饰毛丰厚，但不多余，显得很整齐。毛发松软。腿部呈圆筒状。脸部毛发将按传统方式修剪，眼睛上方的毛发留得较长，使头部从任何角度看都是矩形的。

气质：这种犬表现快活、友好、自信的气质。

趣话狗狗

湖畔梗是最古老的一种工作梗，至今仍被人们所熟识。在成立养犬俱乐部或有官方记载之前，湖畔梗被饲养训化，劳作于英格兰的湖泊地区，这种犬工作能力十分强。“湖畔”这个名字，其实是现代的一种叫法，在古代叫做Patterdale梗。

据记载，很久以来，约翰彼尔大帝时代或者是大頚梗的猎犬狩猎出现以前，莱克兰山区的农场主就逐渐形成用猎犬和梗进行狩猎，它们工作的性质是阻止蹿狐和海獭。那里盛行饲养犬，从来没有一个小犬被弄死，朋友间和猎户间流行送犬，犬被训练成为最好的劳动者，并在传统中保存了下来。

据记载，1871年时，有一头湖畔梗在岩石下爬行了7米多追踪一海獭。为了解救湖畔梗，必须进行大规模的挖掘。最终，经过3天的工作，人们找到了这只犬，它被解救出来，没有别的犬比它的经历更艰难了。这种类型的犬破封锁在地面下10—12天，再解救上来仍活着，而其他种犬就不可能了。

1912 年，当一家梗犬俱乐部成立时，湖畔梗才引起人们的足够重视。在第一次世界大战前的两年，这家新成立的俱乐部做了大量的准备工作。随着一战的爆发，一切文明的活动均告中断，直到 1921 年，人们方再度记起湖畔梗。

虽然湖畔梗世代为工作犬，但却拥有一副较好的外表。湖畔梗被毛浓密防水，上下颌中等长度、强壮有力，后躯有力，背短而强壮，腿脚发育良好。除不屈不挠和勇敢以外，湖畔梗还有吸引人的安静的性格。

丝毛梗

狗狗简介

它的体长略大于身高，骨骼结构纤巧，但有足够的骨量，使其能顺利完成在家中捕猎老鼠的任务。被毛像丝一样，从止部到尾都需要整修，但不能过度雕琢。它具有好奇的天性和快乐的生活态度，是真正的“玩具梗”。

体型：肩高 9—10 英寸。任何偏差都不符合规定。狗的体长大约比肩高长 1/5。骨量小，骨骼健壮但更重要的是精巧。

头部：头部强壮，呈楔状，长度中等。表情冷酷，眼睛小，颜色深，呈杏仁状，眼圈颜色深。耳朵小，V 形，耳朵位置高，直立耳，不能出现任何歪斜现象。头颅平坦，两眼间距离不是很宽。

颈部：颈部与肩部优雅地结合。长度适中，漂亮，与脑袋有一些角度。背线水平。胸宽中等，深度与肘齐平。身体位置较低，体长比肩高长约 1/5。断尾，尾根位置高，处于 12—2 点的位置。

被毛：这种狗的毛细长，有光泽，而且像丝一样。成年犬的被毛顺着身体轮廓下垂，但长度不能靠近地面。头顶的毛发很多，形成头释，但脸和耳朵的毛发太长则不受欢迎。头上、后背到尾根的毛发需要向两边分开。尾巴上的毛发正好，但没有饰毛。腿部从脚腕到足爪或从飞节到足爪部分长有短毛。

气质：具有很强的警惕性，但胆怯或过度神经质都属于它的不足之处。与此同时，它因反应快、友好、敏感而受到许多人的喜爱。

趣话狗狗

在18世纪和19世纪之交的澳大利亚，人们将澳大利亚本地的梗与约克夏丝毛梗杂交，繁育出了丝毛梗。于是，丝毛梗便集中了两种犬的优点。19世纪末，一些约克夏丝毛梗从英国来到澳大利亚的维多利亚州和新南威尔士州。养犬者为了改善蓝色和棕褐色的澳大利亚本地梗的颜色，将一些体形大的公约克丝毛梗与本地母犬进行杂交。产下的幼犬各不相同，一些像澳大利亚本地梗，有一些像约克夏梗，而另一些则像丝毛梗。这些丝毛梗被放在一起饲养，逐渐形成了一个品种。1906年，新南威尔士州的悉尼颁布了丝毛梗的标准，而1909年，另一个标准在维多利亚州颁布。两个标准之间存在一些明显的差异。新南威尔士州的标准中规定丝毛梗的体重应大于2.72kg，小于5.44kg。维多利亚州有两个标准，一个是体重低于2.72kg，一个是在2.72—5.44kg。另外，新南威尔士州的标准中只允许立耳，维多利亚州则立耳和垂耳均可。1926年，修正的标准颁布，从而统一了体重的标准。丝毛梗，最早叫做悉尼丝毛梗，1955年，澳大利亚将这种犬的名称正式定做澳大利亚丝毛梗。澳大利亚国家养犬俱乐部成立于1958年。他们意识到美国养犬俱乐部即将对这种犬进行登记注册，于是采取行动进一步完善澳大利亚丝毛梗的国家标准。美国悉尼丝毛梗俱乐部第一次正式会议在1955年8月25日召开。

西施犬

狗狗简介

西施犬的中国祖先具有高贵的血统，是一种宫廷宠物，所以西施非常骄傲，总是高傲地昂着头，尾巴翻卷在背上。尽管西施犬的大小相当不一致，但必须是紧凑、结实、有适当的体重和骨骼。它是一种结实、活泼、警惕的玩具狗，有两层被毛，毛长而平滑。

体型：理想的尺寸是肩高9—10英寸；但不能低于8英寸或高于11英寸。成年狗理想的体重在9—16磅。从肩到尾根的长度略大于肩高。西施犬不能太高，否则变成长脚狗，也不能太矮，像个矮脚鸡似的。

头部：头部圆且宽，两眼之间开阔，与犬的全身大小相称，既不太大又不太小。

颈部、背线、身躯：最重要的特点就是整体均衡，没有特别夸张的地方。颈部与肩的结合流畅平滑；颈长足以使头自然高昂并与肩高和身长相称。背线平。身躯短而结实，没有细腰或收腹。体长略大于肩高。胸部宽而深，肋骨扩张良好，然而不能出现桶状胸。胸部的深度刚好达到肘部以下的位置。从肘部到马肩隆的长度略大与从肘部到地面的距离。尾根位置高，饰毛丰厚，翻卷在背后。

被毛：被毛华丽，双层毛，丰厚浓密，毛长而平滑，允许有轻微波状起伏。头顶毛用饰带扎起。为了整洁和便于运动，脚、腹底和肛门部位的被毛可以修剪。

气质：具有开朗、快乐、多情的性格，对所有的人都抱以友好的信任态度。

趣话狗狗

西施犬起源于中国公元990—994年间，来自弗林的人将西施犬作为贡品献给朝廷。唐朝皇宫中盛行养西施犬。另一个关于西施犬的说法是，在17世纪中叶，西施犬由西藏被带到中原，送给皇帝。从此这种犬在北京的紫禁城中繁衍。在东方艺术中，这种犬像小狮子。佛教认为狮子与佛有联系。宫廷中饲养的西施犬都经过精心挑选。经过层层筛选，西施犬发展成了今天的样子。因为其面部的毛发向各个方向生长，因此面部像菊花。

明朝时，西施犬是一种广受欢迎的家养犬，特别受到皇族的喜爱。战争中，大部分的犬都难逃厄运，只有一少部分犬生存下来。

1930 年，玛德莱·胡奇思小姐将一对西施犬由中国带回英国（一头是她自己的，另一头属于道格拉斯·布朗宁将军和夫人）。从那以后，英国开始有西施犬。西施犬开始被列入“Apsos”，后来养犬俱乐部将“Apsos”和西施犬分开成为两个品种。英国西施犬俱乐部成立于 1935 年。

西施犬由英国传人斯堪的那维亚国家、欧洲的其他国家和澳洲。第二次世界大战期间，美国驻英国的军人回国时将西施犬带到了美国。从那以后，美国进口了许多西施犬。

八哥犬

狗狗简介

八哥犬是体贴，可爱的小型犬种，不需要运动或经常整理背毛。它富有魅力而且高雅，18 世纪末正式命名为“巴哥”。面部皱纹较多，走起路来像拳击手。它是用咕噜的呼吸声及像马一样抽鼻子的声音作为沟通的方式。这种狗爱好干净，总体来看，通常外观呈正方形而且短胖。

体型：八哥犬的特点是小中见大，浓缩，结构紧凑、比例良好，而且口吻轮廓硬。理想的体重范围是从 14—18 磅。比例为正方形。

头部：头部大、粗重，不上拱，苹果头，前额不后缩。眼睛颜色非常深，非常大，突出而醒目。眼睛呈球状，眼神充满安详和渴望。耳朵薄、小、软，像黑色天鹅绒。有两种耳形：玫瑰耳或纽扣耳。皱纹大而深。口吻短、钝、宽，但不上翘。

颈部：颈部呈轻微的拱形，粗壮，其长度足够使头高傲地昂起。背短，背线水平。身体短而胖，胸宽且肋骨扩张良好。尾巴尽可能卷在臀部以上部位。

被毛：被毛既不坚硬，也不像羊毛，具有美观、平滑、柔软、短而有光泽的特点。颜色是银色、杏黄色或黑色。银色或杏黄色比较清晰，与其他颜色斑纹及面部颜色对比强烈。

气质：具有稳定的性情，安定、开朗，而且高贵、友善、可爱。

趣话狗狗

巴哥犬究竟是什么系种？有专家认为，此犬产于苏格兰低地，传到亚洲后，又由荷兰商人从远东地区带回西方；也有专家认为，此犬是东方犬种，源自北京犬的短毛种，后来和斗牛犬交配而成；还有人认为巴哥犬是法国叫波尔多犬的獒犬的小型类种，并且在许多作品里画上巴哥犬作装饰品。维多利亚时代，此犬的知名度达到顶峰。

狗事档案

有这样一个故事：有一天晚上，荷兰国王受到敌军突袭，他的军队全部向敌军投降，守夜的武士正要通报国王时，敌军已经杀到他跟前，使他无法脱身，正在这时一只八哥犬迅速地冲入国王的营帐，跳到国王的跟前，使劲地召唤他，这使得国王有足够的时间逃离，所以这只狗被称为“荷兰英雄狗”。

它前额的皱纹绝不只是一堆皱巴巴的纹路，而是有着深刻象征含义的，中国人称它为“君王之征”，象征权势与尊贵。

人们相信八哥犬可以为病人退烧。在历史上，八哥狗是人类的朋友。在心理上，它是反映人类情绪的镜子，它的价值不仅在于让许多贵族破涕为笑，更重要的是它解除了不少平民百姓的病痛。

吉娃娃

狗狗简介

吉娃娃属小型犬种里最小型，优雅、警惕、动作迅速，以匀称的体格和娇小的体型广受人们的喜爱。吉娃娃犬不仅是可爱的小型玩具犬，同时也具备大型犬的狩猎与防范本能，具有类似梗类犬的气质。此犬分为长毛种和短毛种。这种狗体型娇小，对其他狗不胆怯，对主人极有独占心。短毛种和长毛种不同之处在于短毛种的被毛富有光泽，贴身，柔顺。长毛种的吉娃娃除了背毛丰厚外，像短毛种一样具有发抖的倾向。

体型：重量一般不超过6磅。身体的比例为长方形；所以从肩到臀的长度略大于肩高。

头部：最好是圆形的“苹果形”脑袋。表情漂亮。眼睛很大而不突出，匀称，最好呈现明亮的黑色或红色。耳朵大，立耳，在警觉时更保持直立，但是休息时，耳朵会分开，两耳之间呈45度角。口吻较短，略尖。黑色、蓝色和巧克力色的品种，鼻子颜色都与自己的体色一致。淡黄色的品种也会有粉色鼻子。剪状咬合或钳状咬合。

颈部：颈部略有弧度，完美地与肩结合。背线水平。浑圆的肋骨支撑起胸腔，使身体结实有力。尾巴长短适中，呈镰刀状高举或向外，或卷在背上，尾尖刚好触到后背。

被毛：短毛型的被毛质地非常柔软、紧密和光滑。头部和耳朵上被毛稀疏。尾巴上的毛发类似皮毛。长毛型被毛质地柔软，平整或略曲，还有底毛。耳朵边缘有饰毛。尾巴丰满且长（羽状毛）。

趣话狗狗

吉娃娃从墨西哥传到美国后到1898年的历史至今不清。有人确定此犬原产于南美，初期被印加族人视为神圣的犬种，后来传到阿斯提克族。也有人认为此犬是随西班牙的侵略者到达新世界的品种，或者在19世纪初期，从中国传入的。总之，吉娃娃犬的确切来源众说不一。这些想象中的根据来自托尔提克族时代的修道院之雕像以及在墨西哥发掘的小型犬骨骸。根据中国冠章上的犬像，则认为此犬来自遥远的亚洲。以上各种判断，可以说明此犬绝非源自单一品种，而是自古以来就是由多种品种交配而来的。

狗事档案

吉娃娃事实上是托特可人的祭品，用来做主人的陪葬品。在托特可文明衰退后，吉吉米克斯人遂起而代之。它们的名字“吉吉”就是狗的意思，也就是说它们是狗的子民。

1521年，可尔帝斯打败阿兹特克王朝后，这只犬的神话也随之消逝。但是，留下来的是一支小得可以坐在汤碗里和人们抢汤碗来喝水的袖珍犬，因此，吉娃娃犬又被称作“墨西哥犬神”。

腊肠犬

狗狗简介

腊肠犬具有充沛的精力，发达的肌肉，弹性、柔韧、光滑的皮肤。它的身躯长，靠近地面，腿短。头部自信地昂起，非常和谐、清晰，而且面部表情聪明、警惕。在捕猎时，依靠鼻子、大嗓门及与众不同的身体结构，在地下或灌木丛中工作。

体型：腊肠犬可以分为两种尺寸，标准型和迷你型。

头部：从上面或从侧面观察，头部都是呈锥形。

眼睛：中等大小，杏仁形，深色眼圈，表情令人愉快、舒适；眼神不尖利；颜色非常深。

耳朵：位置非常接近头顶，不过分靠前，中等长度，圆，不太窄、太尖或折叠。耳朵挂着，当活动时，耳朵前侧边缘贴着面颊，成为脸部的一部分。

脑袋：略微圆拱，既不太宽，也不太窄，逐渐倾斜，经过轻微，但可以察觉的止部，过渡到精致、略微圆拱的口吻。黑色是鼻镜的首选颜色。嘴唇紧密延伸，覆盖下颌。鼻孔张开。嘴能张得很大，下颌与头骨结合处位于眼睛下后方，骨骼与牙齿都很结实。

颈部：颈部长，肌肉发达，整洁，无赘肉，颈背略微圆拱，流畅地融入肩部。

被毛：腊肠犬有三种不同的被毛类型：(1) 短毛型 (2) 刚毛型 (3) 长毛型。

气质：机灵、活泼、勇敢，有点轻率。有着过人的毅力，在地面或地下工作时能不畏艰难，不屈不挠，而且所有的感官都非常发达。

趣话狗狗

在古老的埃及法老寝墓中，首先发现雕刻着身体长、四肢短的犬只形象，后经证实其为德国腊肠狗之原始祖先，由此可见此犬种存在的历史，已有数千年以上的时间了。古埃及寺院里壁画上，由此类身长脚短物的画像，墨西哥、希腊、秘鲁、中国大陆上都可发现此类腊肠犬的石雕模型及粘土制品。从德国古代罗马人居住的遗迹上挖掘类似腊肠犬的遗体化石上判断，认为此犬为杜唐产的纯种犬。

目前此犬种的体形有三型式：一般型约9公斤；迷你型4公斤；玩赏型的则约3.5公斤。而且此三种体形，亦有三种不同的变种，即短毛、长毛及刚毛三种，其基本特征相同，只是体型和毛皮不同。初期的小型犬即是梗类犬和体型最小最轻的腊肠犬交配改良的品种。而短毛之品种历史是最为悠久的。腊肠狗是埃及人惯称的“TECKLE”犬，含有古老猎血犬的血统。而且其矮短的四肢、修长的身躯，比起其他狩猎犬种，更适合深入穴洞捕捉猎物。其捕捉猎物时的动作相当罕见，即以坚硬的吻部撞击目标。

狗事档案

有这样一个报道，讲述的是腊肠狗帮助一个患唐氏症的十岁小孩回家的故事。小男孩在院子里玩，看到两只流浪狗——一只是腊肠狗，另一只则像赫勒犬，走过他的面前。于是，他就跟着狗一起进了森林。可是，在那儿，气温开始下降到10度以下，两只狗看到小孩在发抖，就紧紧地挨着他，为他挡风。接连几天，它们一直帮小孩取暖，好保住他的性命。终于，腊肠犬用它那具有共振效果的叫声引来骑马路过的人的注意。小男孩被发现了，他几乎是毫发无损地回到家中，小男孩的母亲称这只狗是“上帝的使者”。

伯瑞犬

狗狗简介

伯瑞犬精力旺盛且警惕，强壮但不粗糙，骨骼强健、肌肉发达，显示出作为牧羊犬所必须的力量和敏捷。

体型：雄性肩高在23—27英寸；雌性肩高在22—25.5英寸。

比例：伯瑞犬的身体构造不是那种矮脚马型，身体长度等于或略大于肩高。雌性可能略长一些。

头部：头部长，有足够的宽度，但不显得笨重。准确的头部长度（从后枕

骨到鼻镜的长度）约为肩高的40%。头部有丰厚的毛发覆盖，呈现给人们的印象是两个矩形面结合在一起，长度相等，但宽度和高度不同。头部与颈部形成一个直角，骄傲而警惕地昂着。头部轮廓线条清晰整洁，没有突出的颌骨、面颊、眼睛下方、太阳穴没有多余的赘肉。

表情：眼神坦诚、质询、自信。

眼睛：位置分得比较开，内眼角与外眼角处于同一水平。眼睛大、睁得较开且镇静，不太窄或斜眼。眼睛的颜色为黑色或黑褐色，眼皮眼圈色素充足，颜色非常深。

耳朵：耳朵位置高，耳朵根部厚实、坚固。位置过低的耳朵会使头部看起来过分圆拱。耳朵的自然长度大约为头部长度的一半或略短一些，保持直且被长长的毛发所覆盖。自然状态下，耳朵不会平躺在脑袋上，在警惕时，耳朵会略微举起并使头顶看起来呈正方形。当警惕时，耳朵会转向脸部，耳朵张开，且有长长的毛发垂落。剪耳在耳朵根部宽而长，逐渐变细，尖端圆。

颈部：结实且构造完美。颈部的形状为截断的圆锥形，与肩部结合良好。肌肉非常强健，且有足够的长度。

被毛：外层披毛粗糙、硬、干燥。毛发平躺在身体上，以自然长度下垂，略呈波浪状，散发出健康的光泽。

气质：热情而主动，聪明而勇敢，决不胆怯，忠诚而温和。与此同时，具有非常好的记忆力，热衷于讨好主人。它很大程度上受到祖先遗传：保护主人和家庭。

趣话狗狗

伯瑞犬是法国工作犬中一个非常古老的品种。在8世纪的挂毯里曾有描绘。

在12世纪的文献里也被提到过。对该品种的准确的描述是在14—16世纪期间。在早期，伯瑞犬用来保护货物，免遭狼抢和被偷，但是在法国革命之后，由于土地的划分和人口数量的增加，伯瑞犬开始转变其功能而用于一些更为和平的任务，如看护家禽，看管羊群在没有篱墙的草地上，并能守护主人的财产。

伯瑞犬学习能力强，训练应在幼年进行，尽管伯瑞犬以前主要用于看护和放牧，不过它们却是多才多艺的，它们还可以当作跟踪犬或猎犬，作为军犬以前也有相当辉煌的记录。它们还可在营地作为放哨犬，因为它们的听觉极为敏锐。它们可以陪伴巡逻兵、运送食物和供给甚至给前线运送军需品，来自战地医院的一篇报道中介绍伯瑞犬在战场上在引导医药兵寻找伤员方面具有出色的能力。

它是一种极为出色的犬，被称为是“用皮毛包裹的心脏”，但伯瑞犬在家庭中不是一种理想的犬，需要有充分时间和精力的人饲养，而且外形保留了一些天然性，它的被毛需要定期梳理否则被毛会脱落，使被毛蓬乱。这种犬忠诚而不自私，给主人增添生活情趣。

大麦町犬

狗狗简介

大麦町犬是一种有斑点的，特殊的狗；平静而警惕；强健、肌肉发达、且活泼；毫不羞怯；表情聪明伶俐；轮廓匀称；丝毫没有夸张或粗糙的地方。大麦町犬具有极大的耐力，而且奔跑速度相当快。

体型：大麦町犬理想的肩高约为19—23英寸。整个身躯的长度（从胸骨到臀部的距离），与肩高大致相等。大麦町犬具有良好的体质，骨骼结实而强健，但决不粗糙。

头部：大麦町犬头部与整个身躯相当协调。有正确的长度，且没有松弛的皮肤。

表情：大麦町犬的表情显得警惕而聪明，显示出稳定而外向的气质。眼睛：位置分得略开，中等大小，样子有点圆，在脑袋上恰当的位置。眼睛的颜色通常是褐色或兰色，或两者的结合，颜色深一点比较理想，通常黑色斑点的品种的眼睛颜色要比肝色斑点的品种深。

耳朵：耳朵中等大小，根部略宽，逐渐变细，尖端略圆。位置较高，贴着头部，耳廓的质地薄而细腻。当大麦町犬警惕时，耳朵顶部与头顶齐平，耳尖延伸到面颊底线的位置。

脑袋：头顶平坦，中间有轻微的纵向凹痕，脑袋的宽度与长度相等。

颈部：呈优美的圆弧形，相当长，没有赘肉，平滑地融入肩胛。

背线：平滑。

胸部：深，胸腔容积大，且宽度适中，肋骨支撑良好，但没有桶状胸。胸底延伸倒肘部。胸腔底部呈优美的曲线，向身躯后方适度上提。

臀部：相对背部，几乎是平的。

尾巴：是背线的自然延伸。位置不是太低。根部粗壮，向末端逐渐变细，延伸到飞节。决不能断尾。姿势是略微向上弯曲的曲线，但决不能卷曲到背后。

被毛：被毛短、浓厚、细腻且紧贴着。既不是羊毛质，也不是丝质。被毛的外观是圆滑、有光泽、健康的。

颜色和斑纹：颜色和斑纹及整体外貌是评判时重点考虑的因素。底色是纯粹的白色。黑色斑点的狗，斑点是浓重的黑色。肝色斑点的狗，斑点的颜色是肝褐色。

趣话狗狗

此种犬原产地是南斯拉夫，起源于15世纪。以发源地南斯拉夫的大麦町地区命名。相传其祖先源自埃及或印度，后来遍及整个欧洲，成为大麦町的地方犬。大麦町犬是少数起源于南斯拉夫的犬种，无论外观的表征或脸部的表情都与孟加拉波音达非常相似。由于在古埃及、希腊时期遗留下来的浮雕和各种遗迹中均能发现大麦町犬原始祖先的形象，所以证实了它是属于相当古老的犬种，虽然目前它已是众所公认的伴侣犬，但是在十八世纪初期它是南斯拉夫境内相当重要的拖曳犬，更早的中世纪时期则是驰骋原野的知名狩猎犬。19世纪，英、法等国的贵妇人将它当作护卫马车的爱犬。相信任何人都会对一身白底黑点的大麦町犬留下深刻的印象，所以尽管在早期它们是优秀的拖曳犬，但如今人们已淡忘它原来的拖曳功能，因为频频出现在视觉传播媒体上的鲜明角色，已经在无形中使视听观众接受它是不折不扣的伴侣犬。

狗事档案

关于大麦町犬最有名的传说，就是在圣道明修士出生前，母亲在梦中见到了大麦町犬。梦中大麦町犬举着火炬照亮了世界，有如圣道明日后的传教工作。而道明教会艺术中，则以不同的方式呈现这只狗的形象。它黑白相间的外衣，正是道明会对于修道士衣着的规定。道明会的修士也被称为“上帝之忠犬”。大麦町犬高举火炬，则象征道明会的修士把异端邪说或种种巫术付之一炬。

圣道明手中的火炬到现在仍旧在大麦町犬的脸上散发着夺目的光彩。在19世纪，如果一幅消防队的图画上没有大麦町犬，总会让人们觉得仿佛缺少了什么似的。此外，在当时的弹药车旁，有一只大麦町担任看守也被认为是理所当然。19世纪初，当它被移民者带到新大陆时，就加入了波士顿消防队，从此它的名声与足迹就由东岸遍及西岸。

惠比特犬

狗狗简介

惠比特犬是一种中型视觉猎犬，具有高雅而匀称的外观，显示出速度、力量和平衡，但不粗糙。它是真正的运动型猎犬，能以最少的动作，跑完最大的距离。它以漂亮而和谐，肌肉发达，强壮而有力，外形极度高雅、优美而给人留下深刻的印象。匀称的轮廓，发达的肌肉和有力的步伐使得它深受人们喜爱。

体型：雄性的高度一般为19—22英寸；雌性是18—21英寸。从前胸到臀部的距离等于或略大于肩高。中等骨量。

眼睛：大，颜色深。两个眼睛颜色一致。黄色或浅色眼睛属于严重缺陷。兰色眼睛或眼睛内有色环属于失格。眼圈色素充足。

玫瑰耳：小，质地细腻；休息时，耳朵向后，沿着颈部折叠。

脑袋：长而倾斜，两耳间相当宽，止部几乎无法被察觉到。

颈部：颈部长，整洁、肌肉发达，圆拱，喉咙无赘肉，逐渐变宽，融入肩胛上端。背部宽，稳固，肌肉发达，长度超过腰部。背线从马肩隆开始，呈平顺、优美而自然的拱形，不很厉害，越过腰部达到臀部；圆拱是延续的，无断裂。

胸部：胸部非常深，几乎延伸到肘部，肋骨支撑良好，但没有桶状胸的迹象。两前肢之间的空间完全被填满，所以不显得空虚。下腹曲线明显上提。

尾巴：尾巴长，且尖端细，当尾巴垂落在后腿之间时，延伸到飞节处。当它运动时，尾巴低低地举着，略微向上弯曲；尾巴不应该举高过后背。

被毛：短，紧密，平顺，且质地坚硬。

气质：具有亲切、友善、温和的性情，但也能在瞬间产生巨大的爆发力，去追击猎物。

趣话狗狗

惠比特犬又被人称为“小号灵梗”，它可不是古老的品种，只是带有其部分的血统而已。这支狗是来自英国北方矿场穷人家的狗，因为它的体形小，所以身价不贵，但是引人注意的是，这种平民狗却有着惊人的速度和体能。

有人认为“惠比特犬”的意思是表示“快速移动”，也可以用来形容“鞭动”。也有人说它的名字来自古老的英文“whappet”表示“小而嘈杂的狗”，但是后者的说法并不是很贴切，因为这种狗虽然是很好的看守犬，却不叫。

说起它的祖先，最有可能的是意大利灵缇，因为两者在外形上类似，此外，它有一身好皮肤和线条流畅的骨架。19 世纪的作家是这样描述它的：“它的皮肤细嫩到弹指即破。”有些作家说它们可以直视阳光，“在它小小的身躯里装着最大量的灵气。”

纽芬兰犬

狗狗简介

纽芬兰犬是一种性情甜蜜的狗，既不笨拙，也没有坏脾气。纽芬兰犬是一种多用途的狗，在家里，在陆地上或在水里，都具有超强的工作能力。

纽芬兰犬有着夸张而沉重的被毛，非常和谐，身躯深，骨骼沉重，肌肉发达且非常结实。

体型：成年雄性纽芬兰犬的平均肩高为 28 英寸；成年雌性纽芬兰犬的平均肩高为 26 英寸。成年雄性纽芬兰犬的体重约 130—150 磅；成年雌性纽芬兰犬的体重约为 100—120 磅。雄性纽芬兰犬的外观显得比雌性纽芬兰犬魁梧。

头部：头部魁梧，脑袋宽阔。脑袋：略有拱顶，后枕骨非常发达。面颊清晰。

眼睛：深褐色，眼睛相对小，位置深，距离相当远，眼睑紧贴眼球，无倒卷。

耳朵：相对小，三角形，尖端略圆，位于头顶平面或略高与眉毛，藏在头部。耳朵向前，能延伸到同侧外眼角。

颈部：结实，长度足够使头部能自豪地昂起。

尾巴：尾巴呈臀部的自然延伸线。尾根部宽而结实。尾巴无扭曲，末端尾骨延伸到飞节。当狗轻松站立时，尾巴笔直下垂，末端允许略微卷曲。当它运动或兴奋时，尾巴上举，但不允许卷曲到背后。

被毛：成年纽芬兰犬拥有平顺、防水的双层被毛，在任何位置逆向梳理都会落下。外层披毛粗硬、中等长度、丰满、毛发直或呈波浪状。

气质：甜蜜可爱是纽芬兰犬的最为引人注目的品质。

趣话狗狗

纽芬兰犬原产地加拿大，起源于18世纪。最早发现在加拿大东北部地纽芬兰地区。一些人认为纽芬兰犬是印第安野狗的后代，另一些人则认为它们同加拿大拉布拉多犬血缘相近，因为纽芬兰和拉布拉多的海岸线紧邻，拉布拉多犬是优秀的游泳能手，能够游到或者当结冰时候步行到达纽芬兰。更多的人们相信，它们是18世纪由英国或欧洲其他地方的渔民带到纽芬兰的藏獒和当地狗混血的结果。纽芬兰犬体型巨大，非常聪明，一般被用来拖拉渔网，牵引小船靠岸，救援落水的遇难者；也被用来拖拉木料，递送牛奶和驮运货物。它无论过去还是现在都是非常优秀的水上救援犬，1919年一只纽芬兰犬被授予金质奖章，因为它在一次海难中拖拉一只救生船把20个遇难者抢救到安全地区。二次大战期间，纽芬兰犬曾在阿拉斯加等地在暴风雪的恶劣气候下给军队运送给养和弹药。今天，水上交通工具安全性不断提高，纽芬兰犬的水上救险的职业本能已经无用武之地，但是人们发现它们已经转化成为漂亮可爱的、富有感情和令人快乐的伴侣犬。

狗事档案

勇敢的纽芬兰犬有着许多传奇，至于它们的海上功绩，更是难以估计，拿破仑离开易北河时，曾落水并差点没了性命，正在这个紧急关头，将他从河水中救起的是在他身旁的纽芬兰犬，当然，它肯定不会知道，自己的这个行动改变了历史。

另一个著名的故事是，纽芬兰犬在海岸拯救了上百人的生命。在暴风雨中，它勇敢地在水中对抗着狂风巨浪，拼命地将救生索拉回岸边，以致使全船人员保住了性命。

拜伦是这样描述纽芬兰犬的：“美丽而不虚荣，勇敢而不凶残，具有一切人类的美德而不邪恶。”

大白熊犬

狗狗简介

大白熊犬是非常高雅、美丽的犬种，它有着巨大的体形和威严的气质。它的被毛是白色或以白色为主，夹杂了灰色，或不同深浅的茶色斑纹。它非常聪明而且和善，并具有王者之气。不论站立还是运动，都会显示出与众不同的优雅。

体型：雄性肩高约27—32英寸、雌性肩高约25—29英寸。27英寸的雄性体重约100磅，25英寸的雌性体重约85磅。体重与身体的整体尺寸及体质相称。

头部：外观呈楔形，顶部略圆。

眼睛：中等大小；杏仁形；略斜；颜色为丰富的深棕色；眼眶为黑色，眼睑紧贴眼球。

耳朵：尺寸从小到中等都可以，V字形、尖端略圆，耳根与眼睛齐平，正常情况下耳朵下垂，平坦，紧贴头部。

颈部：坚硬的肌肉配合中等长度，赘肉相当少。

被毛：被毛是由两层毛组成的，被毛长、平坦、厚实，毛发粗硬，毛直或略呈波浪形；底毛浓密、纤细、棉絮状。

气质：它从容、沉着、有耐心而且宽容，更为重要的是它有着非常坚强的意志，而且独立略有保留。它也会表现出犬的共性，对主人非常忠诚，而且勇敢、无畏。

趣话狗狗

大白熊犬为人类工作的历史已有数个世纪了，没有其他的犬种可以与之相比。在英国和欧洲大陆大白熊犬被人们称做比利牛斯山犬，与现在的牧羊犬一起在比利牛斯山上工作。人们曾发现青铜器时代大白熊犬的化石，由此可以粗略推断大白熊犬在公元前1800—前1000年之间在欧洲出现。有人认为，大白熊犬起源于中亚或西伯利亚，并随雅利安人迁徙到欧洲。另外一种广泛为人接受的说法是，大白熊犬是斗牛獒犬的后代。

在欧洲，大白熊犬一直生活在高山上，一直到中世纪。在卡拉卡森发现了大白熊犬的浮雕，画的是大白熊犬作为法国皇家的守卫犬，那是大约17世纪作为宫廷犬的500年前。大约在17世纪大白熊犬被用做宫廷的守卫犬。早在1407年，历史学家就描述了封建领主饲养大白熊犬作为守卫犬，大白熊犬与警卫一起看守着城堡。大白熊犬也在监狱中与看守一起值勤。1675年，法国皇太子在慕·德·茫顿陪伴下出访巴兰瑞治，在巴兰瑞治时，皇太子非常喜欢比利牛斯牧羊犬，并将它带回了卢浮宫。那时有一位叫陆弗斯的侯爵也很喜欢这种犬，从那以后，大白熊犬成了贵族们的宠物犬。每个贵族都想拥有一头这样的犬，大白熊犬也变得非常知名。

在高山地区的草原上，大白熊犬形成了忠实、善于守护和善于理解人们意图的特性，在许多动物尚未被驯养的时候，大白熊犬已经是官方的牧羊犬了，大白熊犬有着灵敏的嗅觉和视觉，是非常好的牧羊犬。在猎狼和猎熊中，大白熊犬成为著名的猎狼犬和猎熊犬。

大白熊犬不仅是优秀的守护犬和宠物犬，同时对运动员非常有用。大白熊犬喜欢拉车并且擅长在柔软的雪地上活动，因而可以拉雪橇、可以在雪橇队的旅行中做向导。在第一次世界大战中，大白熊犬被用于偷运禁运物品穿越法国和西班牙的边界线。大白熊犬走的是人类无法行走的小路，可以成功避开海关人员。大白熊犬漂亮的外表使它在法国的电影界大获成功。

由于其外表华丽高贵，曾在法国受贵族宠爱并作为护卫犬。法国大革命后，此犬在法国便不被重视，并逐步受到冷落。

罗威士梗

狗狗简介

这种犬勇敢而矮小壮实，表情略带狡猾，是最小的工作梗之一。主要的作用是培养用来捕捉老鼠，它们喜欢单独或结伴去捕捉害兽，这种品种骨量充足，长有能抵御恶劣气候的被毛。

体型：罗威士梗是最小的梗类犬之一，罗威士梗理想的肩高不应该超过10英寸。肩高与体长大致相等。骨量充足。体重约12磅。应该与狗的整体结构成合适的比例。

头部：罗威士梗表情略显狡猾。眼睛小、颜色深、卵形且带有黑色眼圈。两眼间距离恰当，眼睛明亮且眼神热情。耳朵，中等大小、立耳。两耳的距离恰当，耳梢尖。警惕时，耳朵竖立。

颈部：罗威士梗颈部中等长度，结实，与肩部结合良好。背线水平。身躯稍短。紧凑且深。

被毛：刚毛，毛质硬且直，紧贴身体，有一定的底毛。罗威士梗在颈部和肩部的被毛形成具有保护性的鬃毛。头部、耳朵、口吻部的毛发除了一些眉毛和胡须外，都是短而平滑的毛发。

气质：快乐、勇敢、忠诚、富有爱心，并且适应性强，喜欢运动。

趣话狗狗

在20世纪初期的英格兰，福兰克琼斯在剑桥的哈伯罗夫和罗威士地区，利用当地的工作梗发展了一个新的犬种，并在1932年得到英格兰犬协会确认为罗威士梗。起初，它们之间在类型、体型、颜色、被毛和耳朵形状方面都有差异。此后罗威士梗保留下垂耳，剪耳的那些则形成另一独立的品种。英格兰犬协会在1964年将它们确立为两个品种，垂耳的称为诺福克梗，剪耳的则称为罗威士梗。属于运动型梗，而不是玩具型。

爱尔兰梗

狗狗简介

这种犬粗毛长腿，外貌特别，不会使人误认。生性积极、活跃，对人友善，但是对其他的狗来说就不怎么好相处。

体型：最理想的体重为：公爱尔兰梗27磅/母爱尔兰梗25磅。肩高大约18英寸。

一般外观：这种梗是有活力、有韧性而又坚强，而且非常有生气；身体结构结实、强壮，骨量充足，同时不笨拙，速度、力量和耐力都很好。不“娇气”，其身体轮廓是适合奔跑的流线形。

头部：眼睛：颜色为深

褐色，小而不突出；充满精力、热情和聪慧，显示出热情的眼神。

耳朵：小而且呈V字形；中等厚度；位置恰当，向前折叠，垂在眼角边。耳朵的折叠线应该比头顶略高。爱尔兰梗耳朵上的毛发很短，而且比身体上的毛发颜色略暗。

颈部：长度适中，靠近肩部逐渐变宽；喉部没有赘肉。脖子两边的毛发略有卷曲，延伸到耳角。

被毛：浓密而且呈金属丝状的刚毛，毛量丰厚，非常紧密地贴在身上，用手指拨开毛发，皮肤几乎不可见。

气质：脾气好、精力旺盛、喜欢游戏。爱尔兰梗最大的特点是粗心大意，而且喜欢不顾后果地、冒失地向前冲，去袭击对手。

趣话狗狗

爱尔兰梗历史久远，其来源有争议，但有一个不争的事实，即它是梗类中最早的品种之一。从它漂亮的红色皮毛中可见它的敏捷和整洁，它是梗类中勇敢的化身。

被认可的爱尔兰梗的第一次记录可上溯至1875年，那时在格斯瓦有一专门为其举行的犬展。1879年冠军Erin和KillneyBoy出现。它们经培育后，其后代出现许多冠军，从而在爱尔兰梗历史上建立起此品种鼻祖的称号。19世纪80年代，爱尔兰梗成为英国第四大流行犬种。

无论在乡村、城市公寓或野营地，爱尔兰梗是一个无可比拟的朋友。爱尔兰梗是一个有趣的玩伴，喜欢接近小孩，它能与小孩分享快乐。在它们的服务中，尤其是针对主人，它会面对任何恐吓的行为，天生就适合做“保护神”。

爱尔兰梗是一种有名的运动犬。有时掠杀小动物，有时参加其他游戏，如追兔子。一头识水性的犬经训练后它在水中和在陆地上一样灵活。其实，爱尔兰梗拥有许多运动天赋。它在遥远的北部和热带地区能成功地捕捉到巨鼠。

爱尔兰梗在第一次世界大战中被作为军犬，作为信使和哨卫，它将其一直拥有的美称即不可比拟的精神和临危不惧的品性表现得淋漓尽致。

凯利兰梗

狗狗简介

高大、紧凑，而且平衡良好，显得发育正常而且肌肉发达，带有明显的梗类犬的性格和特征。

体型：理想肩高为：公凯利兰梗18.5英寸、母凯利兰梗略矮一些。发育正常的公凯利兰梗的最理想体重范围是：33—40磅，母凯利兰梗略轻一些。发育良好，肌肉发达。腿部长度适中，骨量充足，肌肉发达。

头部：眼睛颜色深、小、不突出、位置恰当，显示出梗类犬的热烈眼神。

耳朵：呈V字形，小，但与狗的整体比例协调。中等厚度，向前垂于面颊两侧，耳朵折叠线略高于头颅。

头颅：平坦，止部轻微，头颅在两耳间的宽度中等，向眼睛方向逐渐变窄。面部平直，眼睛前面的部分不能突然向下落，面部略显楔状。头颅和面部的长度只有很小的差别。颌部结实、深而且肌肉发达。

颈部：整洁、中等长度，靠肩部逐渐变宽，骄傲地昂起。背部短、结实而且笔直，不显得松弛。

被毛：柔软、浓密、呈波状。粗硬的被毛、刚毛或鬃毛状的被毛都属于严重缺陷。为了显得整齐，全身都应该被毛发覆盖，除了头部需要修整，耳朵面颊需要修饰。

趣话狗狗

凯利兰梗又叫爱尔兰梗，属于爱尔兰国犬。这类犬的产地不详，据说1588

年，曾经逃离遇难的西班牙无敌舰队之后，一直漂流到了爱尔兰沿海，成为了西班牙犬种的后代。也有人认为，它是通过体型非常大的爱尔兰系列狼犬改良而成的凯利兰梗。

据说，18 世纪时，在爱尔兰这种狗被作为斗犬、猎犬、牧羊犬、家庭守门犬等。之后被列入了短脚长身梗及贝灵顿梗的品种。世界的首次大战之后，凯利兰梗被美国肯内尔犬俱乐部认可。

卷毛比熊犬

狗狗简介

卷毛比熊犬是一种娇小而强健的白色毛绒绒的狗，具有欢快的气质。

体型：雄性比熊犬和雌性比熊犬肩高约在 9.5 英寸—11.5 英寸之间。

眼睛：圆、黑色或深褐色，位于脑袋上，正对前方。过大或过分突出的眼睛、杏仁状的眼睛及歪斜的眼睛都属于缺陷。眼睛周围，黑色或非常深的褐色皮肤环绕着眼睛。眼圈本身必须是黑色。

耳朵：下垂，隐藏在长而流动的毛发中。

颈部：颈长为身体的 1/3，昂首时略显高傲而得意的神态。

被毛：被毛的质地最为重要。底毛柔软而浓厚，外层被毛粗硬且卷曲。两种毛发结合，触摸时，产生一种柔软而坚固的感觉。

气质：温和而守规矩，敏感，顽皮。

趣话狗狗

卷毛比熊犬十三世纪前在欧洲

就有了，特别受到西班牙人的青睐，十四世纪晚期，西班牙水手在航行中常把它作为交易品，最终在一个名为塔纳瑞夫的岛上聚集了很多犬，这就是后来很有名的比熊犬。这些犬随着意大利水手的交易又到了意大利，在那里它们很快成为意大利贵族们的宠物，并成为欧洲贵族所喜爱的宠物。1500 年，当法国入侵意大利时，法国人被比熊犬白绒绒可爱的样子迷住了，并把它作为战利品带回法国。

比熊犬有着漂亮的绒毛，但是它可不是一个玩具狗，而是一支小巧却健壮、机灵的小狗。它有一张充满朝气的脸，那黑溜溜的眼睛总是注视着前方。

那一身令人羡慕的绒毛的最大好处就是不沾水，而且是严冬的绝缘体，但是最大的麻烦便是绒毛很容易纠结在一起，所以一定要经常梳理。

比熊犬具有很强的意志力，能与其他动物和小孩子相处融洽。外向的性情显露出有趣可爱的个性，有小丑的特质。爱玩，但不会很过分。虽然不担任守卫，但其警告行为总会使陌生人“望而生畏”。

狗事档案

在欧洲，比熊犬起初受到富商的宠爱，接着就是追求时髦的宫廷。在意大利的文艺复兴时期，这种精巧的狗开始在意大利和其他欧洲各国有着很高的地位。它们周旋在皇室之中，法王法兰西斯一世和英王亨利三世都是比熊犬的喜爱者，它们在备受呵护下渐渐繁殖增加。但是，随着时间的推移，这种犬也面临着失宠的命运。之前，它经常被绘在精致的欧洲挂毯上，或坐在马达加斯加的王室宝座上。后来慢慢变成了流浪汉的宠物。

第一次世界大战后，尊贵的大门又为它敞开。它再度跳上有钱人的膝盖，此后，其地位就未再动摇。

金毛寻猎犬

狗狗简介

金毛寻猎犬是一种均称、有力、活泼的品种，稳固且身体各部分配合恰当，

腿既不太长也不笨拙，表情友善，个性热情、机警、自信。由于它是一种猎犬，在艰难的工作环境中才能显示出它的本质和特点。它的整体外观、平衡性、步态和该犬种的用途应得到比身体任何一部分细节更多的重视。

体型：公狗肩高约 23—24 英寸；母狗肩高约 21—22 英寸。从胸骨到臀部的距离与肩高的比例为 12/11。公狗体重约 65—75 磅，母狗体重约 55—65 磅。

头部：脑袋宽，横竖两个方向均呈轻微拱形，但枕骨和前额均不突起。止部清晰但不陡峭。口吻深而宽，与脑袋差不多长。从侧面看，口吻：轮廓很直，与脑袋接合流畅、稳固；从前面和侧面看，靠近止部处均比靠近鼻镜处显得略深、略宽。上唇下垂但不显得沉重。

眼睛：表情友善、聪慧，眼缘色深，双眼间距大，适度凹陷。颜色为深棕较理想，中等棕色也可接受。斜眼、三角形且窄的眼与正确的表情背离，为缺陷。当犬直视前方时，无可见的白色或瞬膜。

耳朵：相当短，前部边缘较靠后，在眼睛上方，下垂，紧贴面颊。如果向前拉，耳尖刚好盖住眼睛。耳根低、猎犬耳被视为缺陷。

颈部：颈部长度中等，逐渐没入充分靠后的肩部，显得强壮、肌肉发达。喉咙处皮肤不会过于松弛下垂。

身体平衡良好，腰短，胸深。双腿间的胸宽至少等于一个成年男人合拢的手的宽度（包括拇指），前胸发达。胸骨延伸至肘。肋骨长、扩张良好，但不成桶形，很好地延伸至后躯。腰短、强健，宽且深，从侧面观察，腰部略微收缩。

被毛：有浓密而防水的底毛。外层被毛硬、有弹性，既不粗糙也不过分柔软，紧贴身体；毛发直或呈波状。不需要修剪，有自然的毛领，前腿后部和身体下有适量的羽状饰毛；颈前部、大腿后部和尾底侧有丰厚的羽状饰毛。头、足、腿前部的毛发短而均匀。足部可以修剪，散发可以整理，但自然的毛发外形和轮廓不应该被破坏。

颜色：鲜艳、有光泽的各种色泽的金黄色。羽状饰毛可比其他部位色泽略淡。除了因年龄增大，在脸和身体部位的毛发渐渐灰白，其他部位出现白色斑块（除了胸部的少数白毛），将根据其扩展的程度扣分。允许的浅色色泽变化与白色斑不能混淆。被毛的主色过分淡或过分深均不可取。有些幼犬的毛色偏淡，但其毛色显示，在成年时会加深，这样的幼犬在评审时应有一定的宽松度。

趣话狗狗

此种犬原产英国，主要的用途是用来寻猎鸟类。虽然有人认为这种猎犬是由俄罗斯马戏团犬的品种演变而来，但更像由黄色的顺毛猎犬和特威德西班牙水猎犬（tweedwaterspaniel）与稍后引入的爱尔兰蹲猎犬、拉布拉多犬和寻血猎犬交配而成。1920 年以前，一直都以金色顺毛犬的名字而闻名。它的别名为黄寻猎犬或俄罗斯猎犬。

到 19 世纪末，黄毛或金毛的寻猎犬在英国变得流行起来。第一个赢得野外测试的金毛寻猎犬发生在 1904 年。

金毛寻猎犬在英国水晶宫展示会上第一次展示是在 1908 年，被列入硬毛犬种内。其他的犬在 1909 年和 1913 年被展示。在 1913 年，根据颜色，它们被划分开，作为金毛或黄毛寻猎犬被展示。一些爱好者成立了英国金毛寻猎犬俱乐部。

许多旅游者带着犬到美国参观旅游，这就是众所周知的在 1890 年美国和加拿大发现有金毛寻猎犬的原因。这都是从 1920—1930 年期间，金毛寻猎犬从英国和加拿大被带到美国的东西海岸。

金毛寻猎犬首次被美国养犬俱乐部登记注册的时间是在 1925 年 11 月。这个时期以前被注册的金毛寻猎犬，它们都是按照颜色的分类登记注册的。在加拿大，它们作为一个犬种第一次被登记注册的时间是 1927 年。

美国金毛寻猎犬俱乐部和其他国家都积极采取措施，以最大的努力保护这种犬种。今天，金毛寻猎犬被成功地用于野外测试、狩猎、服从性训练，以及作为私人伴侣犬和导盲犬。因具有适合搜寻和追踪的灵敏鼻子，也被用于其他领域，包括搜查麻醉品等。

阿富汗猎犬

狗狗简介

阿富汗猎犬是一个贵族，它给人的印象是高贵而孤傲，没有任何平凡或粗陋的迹象。它的前躯笔直，头部高傲地昂着，眼睛凝视远方，像是在回忆逝去的岁月。这一品种的显著特点是：异国情调或“东方式”的表情；长长的、丝状的“头发”；罕见的被毛；非常突出的臀骨；大大的足爪；还有让人感觉略显夸张后膝关节角度，这些阿富汗猎犬的外观，使它成为犬中的帝王，这是长久以来，正确的传统所遗留下来的。

头部：头部长度恰当，显得非常精致，脑袋和前脸显得均匀和谐。轻微突起的鼻梁骨，形成了罗马面貌，其中心线沿着前脸上升到轻微（或没有）的止部，消失在眼睛前面，所以视线清晰，没有任何冲突，下领显得非常有力，颌部长而强烈；嘴巴为钳状咬和，上下颚牙齿均匀匹配，完全对齐，无上颚突出或下颚突出。后枕骨非常突出，头顶的“头发”是丝状的、长长的毛发。

耳朵：长，位置大约与外眼角在同一水平线，耳廓的长度可以延伸到鼻尖，被长而丝状的毛发所覆盖。

眼睛：杏仁状（差不多是三角的），不太突出，颜色深。

颈部：颈部有足够的长度，结实而圆拱，呈曲线状与肩部连接，肩胛长而向后倾斜。缺陷：颈部太短或太粗，缺乏肌肉或骨骼。

尾巴：尾根位置不过分高，呈环状或末端弯曲，但不是过分卷曲，或卷在背后，或甩向身体一侧。

被毛：后躯、腰窝、肋部、前躯和腿部都覆盖着浓密、丝状的毛发，质地细腻；耳朵、四个足爪都有羽状饰毛；从前面的肩部开始，向后面延伸为马鞍形区域的毛发略短，且紧密，构成了成熟狗的平滑后背。阿富汗猎犬是以自然形态出现，被毛不需要修剪或修整；在头顶上有长而呈丝状的“头发”。

趣话狗狗

19世纪后期，阿富汗猎犬第一次被带到了英国。这种猎犬主要用于追踪狩猎，靠眼力追踪它的猎物并跟随着骑在马背上的猎人。由于这种猎犬常常把马远远抛在后面，所以阿富汗猎犬“靠自己”打猎，而不是依靠猎人的指挥，这样训练了它的独立思考能力并成为典型。

阿富汗猎犬能够并相当确定地是用来打猎而猎物无论是出现在现场还是猎人想要的动物。靠着追踪猎物的灵敏性，它们可在任何地点追捕所发现的野兽，像山鹿、草原羚羊和野兔。它们也能够发出像食肉动物如狼、豺、野犬和雪豹一样的低吠声。作为狩猎犬，与其说阿富汗猎犬直线奔跑速度快，还不如说具有快速平稳地横穿崎岖地形的能力。它可以在接近猎物的时候，敏捷地跳跃和快速地扭转，并拥有持久的耐力以能够继续进行艰难的追踪。

然而在战争期间，阿富汗猎犬在西方国家却完全消失了，我们今天所见的阿富汗猎犬直到1920年才出现，G. 贝尔·默里少校及夫人乔安娜·C. 曼森小姐将一群阿富汗猎犬带到了苏格兰，这些猎犬是他们待在俾路支用8年时间获得或饲养的。

1925年，玛丽·艾米普斯用船把第一批她在喀布尔饲养的阿富汗猎运到了英国。在这些进口的猎犬中，其中最成功的是作为观赏和种犬的英国尚普兰贵族盖兹奈。艾米普斯小姐和其他人发展了名叫“盖兹奈血统”的猎犬。

20世纪20年代，大量“贝尔·默里”阿富汗猎犬出口到美国，美国养犬爱好者俱乐部优良品种登记簿向这种猎犬开放，从1926年10月起它们其中的一些开始进行注册。1927 年，它们中的两个成为最早的美国阿富汗猎犬。

然而，这种猎犬在美国的饲养真正开始于 1931 年，第一头犬盖兹奈进口的时候，当时，齐伯·马克思和他的妻子从英国带来一头盖兹奈血统的母犬艾斯洛和一头公犬怀斯特米尔·奥马尔。艾斯洛和奥马尔后来被 Q. A. 肖·麦克基恩在麻萨诸塞州的犬屋“骄傲山庄”所获得。麦克基恩先生不久又添加了一头年轻的英国尚普兰犬，艾因斯达特·贝德沙，一头纯种贝尔默里母犬。这 3 只犬（艾斯洛、奥马尔和贝德沙）构成了这种猎犬在美国的基础。

巴吉度猎犬

狗狗简介

巴吉度猎犬属于十分优秀的痕迹追踪犬，适合在崎岖不平的陆地上工作。这是一种短腿狗，骨量充足，且骨骼沉重，对于其他的品种来说，体型是非常重要的，此犬的动作显得稳重。具有温和的性情，急躁与羞涩是不允许的。在空旷的原野上，能够进行长时间的工作，具有非常强的耐力以及工作十分投入。

头部：头部大，比例匀称。从后枕骨到口吻的长度略大于眉骨处的宽度。整个头部的外观是中等宽度。

脑袋：略微圆拱，后枕骨明显的突出。从鼻镜到止部的距离与从止部到后枕骨的距离大致相等。侧面平坦，没有厚脸皮（面颊鼓起）。从侧面观察，巴吉度猎犬脑袋的轮廓线和口吻的轮廓线直，且相互平行，止部适度清晰。整个头部的皮肤松弛，当头部向下时，眉毛上有清晰的皱纹。

颈部：有力，有足够的长度，适度圆拱。

眼睛：温和，忧伤，略微下凹，瞬膜明显可见，颜色为褐色，深褐色更好。

耳朵：非常长，位置低。质地柔软，松弛地下垂，末端略微向内卷缩。它们位于头部较靠后的位置（脑袋末端），休息时，耳朵垂到颈部。

尾巴：其位置在脊椎的延长线上，但略微弯曲，以猎犬的方式欢快地举着。

被毛：被毛硬、平滑、短，有足够的密度，可以在任何气候条件下工作。

趣话狗狗

从 1950 年起，巴吉度猎犬出现后，已经由身份隐晦的猎犬发展成为最引人注意和最具特色的猎犬之一。事实上，巴吉度猎犬是一种古老而高贵的猎犬品种。它源于法国血统，几世纪后在英国发展起来。起先在法国和比利时，它主要用于追踪家兔、野兔、鹿和其他任何能够靠足迹追踪的猎物。

巴吉度猎犬在美国时最初用于猎取兔子。而后，也训练它们猎取其他猎物（如浣熊），并且来追踪、赶鸟、寻回受伤的野鸡和其他野鸟。巴吉度猎犬是一个强健而定位准确的追踪者，它的短腿和紧密的皮毛特别利于它在丛林中行走。对于追踪能力，它嗅觉的准确度使它仅次于寻血猎犬。它慢悠悠的行走方式和吸引人的并且滑稽的外貌隐藏了它巨大的智慧。

1866 年，洛得·戈尔韦进口了一对法国巴吉度猎犬的李·康泰尤克斯类型到英国。后来，这一对犬交配产了 5 只小犬，但是它们未被公开，这种犬也没有激起人们的兴趣。直到 1874 年，当埃弗雷特·米莱先生从法国进口巴吉度猎犬“蒙代尔”时，这种犬才真正在英国活跃起来。由于他大力支持这个品种的发展并坚持在他自己的养犬场内实施育种计划，又与洛得·奥斯洛和乔治克瑞罗建立的育种计划合作，因此，埃弗雷特·米莱先生被认为是英国“巴吉度猎犬之父”。1875 年，他第一次在英国犬展上展示巴吉度猎犬，但却直到 1880 年他帮助伍尔弗汉普顿犬展建立了一个大的比赛项目，才有大量的公众注意到这个品种。几年以后，亚历山德拉皇后把巴吉度猎犬留在了皇家犬场，这引起了人们更多的兴趣。

在美国，一般认为乔治·华盛顿是第一只巴吉度猎犬的主人，而这只犬是在美国独立战争后作为礼物由拉斐特赠送的。1883 年和 1884 年，美国犬迷从英国进口这种猎犬。1884 年，威斯敏斯特养犬俱乐部为巴吉度猎犬进行了分类，并且，英国进口犬“奈莫斯”在美国公众面前初次登场。随后进入东部地区的犬展，此后在 1886 年，它在波士顿完成了它的锦标赛。1885 年第一头巴吉度猎犬在美国养犬俱乐部注册。

迷你雪纳瑞犬

狗狗简介

迷你雪纳瑞犬拥有标准雪纳瑞犬和大型雪纳瑞犬的所有外貌特征，浓眉长髯。标准雪纳瑞最早的功用是捕捉黄鼠狼和老鼠，迷你雪纳瑞娇小的身躯更使其成为捕鼠能手。今天的迷你雪纳瑞因为其勇敢忠诚、聪明机灵、善解人意以及娇小而独特风格的造型，无体臭、不掉毛、长寿等特性成为十分受人喜爱的宠物犬。

外形：迷你雪纳瑞是一种强健的、活泼的狗，其和其近亲标准的纳瑞犬在总体形态方面类似，并且同样拥有机敏、活跃的性格。

体型：体长为 12 至 14 英寸。身体结实，差不多是正方形，身高和长差不多一样，骨量充足，没有任何玩具犬的倾向。

头部：头部强壮、呈矩形，宽度从耳朵到眼睛在逐渐缩小，到了鼻尖的时候则近一步缩小。它的前额是平坦的。头顶骨平，而且长前脸与头顶骨一样长。口吻部结实，与头骨相称，端部略纯，胡须丰厚，加强了头部的矩形效果。

眼睛：它那深褐色的椭圆形的眼睛深深地陷了下去，并且伴着丰富多变的表情。

耳朵：双耳外形和长度一样，尖角，与头部平衡。位于头骨顶部，以内缘直立，沿外缘成尽量小的钟形。

颈部：颈部强壮、呈良好的弓形，与肩部混合，咽喉部皮肤紧绷。

气质：机警、勇敢，服从命令，而且非常友好，聪明，乐于取悦主人。

趣话狗狗

迷你雪纳瑞犬原产于德国巴伐利亚边区。多数人认为它是由标准型雪纳瑞犬和17世纪风行欧洲的阿芬品犬杂交而育成的。此外，尚有资料表明，迷你雪纳瑞犬有迷你品犬、博美术、猎狐狸和苏格兰的血统。1899年该犬被承认，1905年引入美国，1925年成立雪纳瑞犬俱乐部。

雪纳瑞犬原产德国，“雪纳瑞”在德文中译为“吻”，因此该犬种是以其独特的毛茸茸的嘴而得名。根据体型分为三种：大型雪纳瑞、标准雪纳瑞和小型雪纳瑞。小型雪纳瑞现在比较受欢迎。

迷你雪纳瑞犬具有喜剧感，但是如果你想让它担任门卫，绝对是办得到的。它以家为重，忠心耿耿，鞠躬尽瘁，对来路不明的人常常怀有敌意，被称为最能取悦主人的狗，尤其是对待特定的家庭成员有着特殊的感情。它永远玩不累，对玩闹有着比一般人更高的兴致。所以，千万不要和它只玩一会儿就结束游戏。

比利时牧羊犬

狗狗简介

这是一种非常匀称的、正方形比例的狗。风度文雅，头部和颈部非常高傲地昂起。结实、灵活且肌肉发达，永远都保持警觉。整体结构给人的印象是深沉、可靠，但不粗笨。一般雄性给人的印象比雌性要深沉一些、大一些，而雌性一般显得柔美。

体型：雄性比利时牧羊犬肩高约24—26英寸；雌性比利时牧羊犬肩高约22—24英寸。体长，从胸骨到臀部的距离，与肩高相等。雌性比利时牧羊犬可能略长一些。骨量中等，与整体比例匀称，整体非常协调，身躯既不瘦长也不笨重。比利时牧羊犬站立时应该呈正方形比例，即从侧面观察，背线、前肢、后肢形成一个正方形。

头部：表情：显示出机警、关注、随时准备行动的表情。眼神表现出聪明和疑问。

眼睛：褐色，深褐色更好。中等大小，略呈杏仁状，不突出。

耳朵：形状为三角形，牢固地竖立着，与头部比例恰当。耳朵外侧角不能低于眼睛中心线。

脑袋：头顶略平坦，不圆拱，宽度与长度大致相等，宽度不能大于长度。止部适中。

颈部：圆拱且向外伸展，从与身躯结合处向上逐渐变细，比利时牧羊犬肌肉发达，皮肤紧绷。

胸部：不宽，但相当深，深度达到肘部。下腹线为平顺优美的曲线。

腹部：适度发达，既不过分上提，也没有大肚子。腰部，从上方观察，显得短、宽而结实，平滑的与背部结合。臀部长度中等，逐渐倾斜。

尾巴：尾根处结实，尾骨延伸到飞节。休息时，尾巴下垂，末端靠近飞节。运动时，尾巴上卷，末端结实有力。

被毛：披毛长、直且丰厚。质地为中等粗硬，底毛非常浓厚，能适应各种气候条件。比利时牧羊犬对极端的气候和温度具有独特的适应性。头部、耳朵外侧、腿下半部的毛发略短，张开的耳朵有丛毛保护。

气质：它天生就很聪明，喜欢保护羊群，继而扩展到主人和主人的财产。在命令下，它非常警惕、专注且总是付诸行动。

趣话狗狗

19世纪之前，比利时境内已存在许多与牧羊犬极为相关的品种。后来，由于守护羊群的需要减少，饲养者将这些牧羊犬配种改良出4种不同颜色被毛的基本犬种，犬迷们把这些犬种认为是同一品种的不同形态。美国则把以下三种犬视为各自不同的品种，即比利时牧羊犬黑毛种、杂色毛种和刚毛种。但在美国至今尚未被公认。

长毛的黑比利时牧羊犬的存活至今归功于鲁塞尔城外的饭店老板尼可拉斯诺斯。他购买了被认为是这些长毛黑犬之鼻祖的“Picardd'Uccle”和“Petite”，还建造了一个兴旺的犬场。这个犬场可追溯到1893年，也就是比利时牧羊犬俱乐部接受关于比利时牧羊犬最初标准的那一年。“Picardd'Uccle”与“Petite”联姻，生下了优秀的后代“pittbaronne”和“ducdegronendael”。它还和它的女儿及本区域的其他犬养育出了后代，形成了今天所见的血统谱系。这个谱系形成了这些美丽的黑色长毛牧羊犬的基础；1910年，官方为之定名为“Groenendael”。

比利时牧羊犬在它们的历史上被认为是真正丰满健壮的犬，直到今天仍然牵动着我们的心。优美的姿态和稳健的动作使观赏者感到愉悦。顺从、跟踪、放牧和在拉雪橇方面的天赋，可以使最活跃的心得到满足。它们在警务工作、救援和搜索方面的技能和作为引导和医疗犬时都会对社会大有裨益。

古代长须牧羊犬

狗狗简介

古代长须牧羊犬体型中等，具有长度适中的被毛，被毛沿着天然的身体轮廓下垂，身躯长而倾斜，虽然强壮，但不显得笨重。它那聪明、好奇的表情是成为吸引人类的显著特点之一，而且它有着从容、沉着的风度，更是让无数人倾倒。

古代长须牧羊犬是一种勇敢而警惕，兼具力量和敏捷的真正的工作犬。它

坚定而自信，丝毫没有羞怯或具有攻击性的倾向，是一种自然的、未加修饰的品种。

体型：理想的高度为：成年雄性肩高约 21—22 英寸，成年雌性肩高约 20—21 英寸。

头部：头部与身躯比例恰当。脑袋平而宽；止部适中；面颊位于眼睛之下；口吻结实而丰满；前脸（口吻）的长度与脑袋的长度大致相等；鼻镜大且略方。

眼睛：眼睛大，眼神温柔而友爱，眼睛既不圆也不突出，位置分得较开。眉毛圆拱，向两侧分开，有足够的长度，能与两侧头部被毛平滑接合。

耳朵：耳朵中等大小，垂耳，覆盖有很长的毛发。与眼睛处于同一水平线。当狗警惕时，耳根略微举起。

颈部：颈部的长度与身躯比例恰当，结实而略拱，平顺地与肩部结合。

尾巴：尾巴位置低，长度为尾骨末端能延伸到飞节。狗在正常站立时，尾巴下垂，且尾巴末端略向上卷，当狗兴奋时或运动时，卷曲加重，且尾巴可能凸起。尾巴上覆盖着大量毛发。

被毛：有双层被毛，底毛柔软、厚实且紧密。外层被毛平坦、粗硬、结实且蓬松。

趣话狗狗

长须牧羊犬也称高地牧羊犬，属喜爱室外活动的犬种，同时也可成为家庭中的一员。外形近似英国牧羊犬，只是体型较细挑瘦长且不用断尾。古代长须牧羊犬外观上与英国老式牧羊犬似乎完全一样，只是体重略轻些和瘦些。生性机敏好动，强壮四脚支撑的身体上覆盖着中长度的蓬松毛发。

据说是几世纪前由水手将波兰低地牧羊犬带到苏格兰后承传下来的。不仅是勤奋卖力的工作犬，同时也能适应家居生活，因此在家庭宠物犬和伴侣犬的数量上增长迅速。古代长须牧羊犬具吃苦耐劳的个性，即使睡在户外也心甘情愿。

比利时坦比连犬

狗狗简介

比利时坦比连犬是一种匀称的中型犬，态度文雅，身体比例呈正方形。它结实、灵活且肌肉发达，永远都保持警觉。整体结构给人的印象是有深度、可靠，但不粗笨。比利时坦比连犬表现出来的品质是聪明、勇敢、机警且热爱主人。除了能放牧羊群外，还能保护主人和主人的财产，但并不十分好斗。在命令下，它警惕、专注并付诸行动。

体型：雄性肩高约 24—26 英寸；雌性肩高约 22—24 英寸。身体比例为正方形，体长，从肩胛末端到臀部的距离，大致与肩高相等。雌性可能略长一些。骨量中等，与整体比例匀称，整体非常协调，身躯既不瘦长，也不笨重。

头部：眼睛：褐色，中等大小，略呈杏仁形，不突出。

耳朵：三角形，杯状，牢固地直立，高度与耳根宽度相等。耳根位置高，耳朵根部不能低于眼睛中心线。

颈部：圆，肌肉发达，长而文雅，略微圆拱，从身躯到头部逐渐变细。皮肤紧，没有松懈。马肩隆突出。

尾巴：尾根处结实，尾骨延伸到飞节。休息时，尾巴下垂，末端靠近飞节。运动时，尾巴上卷到背线的高度，略微弯曲。尾巴不能举高过背线，也不能扭向任何一侧。

被毛：外层披毛长、适合、直且丰厚，毛发质地为中等粗硬。底毛非常浓厚，能适应各种气候条件。头部、耳朵外侧、腿下半部的毛发略短。

气质：这种犬具有很强的亲和力，而且显得格外地自信，它表现出来的是过分的热情和友善，而且拥有很强的占有欲。

趣话狗狗

此种犬又称比利时特弗伦犬。从被毛的颜色和长度来看，有长被毛并且不是黑色即是此变种区别于其他犬的标志。与之相比，比利时牧羊犬的被毛长而黑，马里诺斯犬的被毛短，雷肯诺斯犬的被毛为灰白色。在早期，M. F. 考贝尔为此种犬做出了贡献，特弗伦犬的名称即由考贝尔的家乡特武伦而来。考贝尔繁育出浅褐色的被公认为特武伦始祖的“汤姆”和“普丝”。它们产下了浅褐色的“思念”。“思念”与黑色的“比利时牧羊犬”产下了有名的小犬“米尔萨特”，后者在1907年成为第一头比利时特弗伦犬。这种犬由于具有守护的天性，从而给农场和家庭带来了安全。它们的放牧能力也可以使它们在畜群的日常照料中提供帮助。智力的完善使之成为全能的助手和忠心的伙伴，同时，体质的进化使之成为中等体形、平衡感良好并具有力量和持久力好的动物。随着工业化的发展，边远农场犬的重要性降低，但是漂亮和忠心使特弗伦犬作为家庭的伴侣动物仍然受到赞赏。

到了二次大战之后，特弗伦犬才家喻户晓。1948年，在诺曼底P. 达摩尔的犬场中，有比利时牧羊犬血统的虚弱幼小的“威利”出生了。作为一头小犬，它被卖到盖尔伯特的犬场。尽管长毛的幼仔在当时不受欢迎，但威利拥有如此之好的体形，以至它可以与当时比利时牧羊犬和马里奥斯犬中最优良的犬相媲美。

直到1953年，在茹迪·罗宾逊的努力之下，引进了3只有黑色毛尖的褐色长毛牧羊犬“罗伯特”、“芭芭拉·克诺”和“玛吉考勒”。

灵敏和始终如一的忠诚，使得它们成为了难得的私人伴侣。全面的能力还有优雅夺目的外貌，令它们价值不菲。它们仍用于放牧，现在也在医疗和作为残疾人伴侣等方面展示其非凡能力。它们在滑雪橇和狩猎运动中被训练为驾驶犬。实际上，因为它们的适应能力，良好的性格和出众的美感赢得了人类的尊敬，并用它们的爱换得了世人的心。

贝吉格里芬凡丁犬

狗狗简介

这种犬大胆而活泼，结构紧凑、坚固，精力充沛。它的外观警惕，活泼，而且有一幅大嗓门。最独特的特征在于，这种大胆的猎犬具有粗糙、未加修饰的轮廓；骄傲地昂着头，显示出威严的眉毛、髭须和胡须；警惕时或准备就绪时，那结实、锥形的尾巴就会像马刀那样举着。这种犬吸引的地方也正是它那简洁、不经意，而且乱七八糟的外貌，没有过分夸张的地方，而且各部分都很协调。

体型：肩高在13—15英寸之间。

头部：头部骄傲地昂起，从大小来看，头部与整体尺寸比例协调。长度大于宽度，比例约为2/1。

表情：警惕、友善，且聪明。

眼睛：大，且颜色深，没有白色，红色的下眼睑被长长的、向前伸出的眉毛所衬托。

耳朵：柔软，窄而细腻，被长长的毛发所遮盖，向内折叠，末端呈卵形。耳廓能延伸到鼻尖。耳朵位置低。

脑袋：圆拱，从前面观察，呈卵形。眼睛下方好像被切去一块，后枕骨发达（突出）。

颈部：颈部长而结实，无赘肉。

尾巴：中等长度，位置高，根部粗壮，呈均匀的锥形。长有丰富的毛发，但略微弯曲，骄傲地举着，犹如马刀的刀刃，与垂直线成大约20度角。如果尾巴向下弯，其尾骨的末端大约可以延伸到飞节的位置。

被毛：被毛粗糙。带有浓厚而短的底毛。眼睛被长长的、伸展出来的眉毛所衬托。耳朵上长有毛发。嘴唇上的长毛构成了髭须和胡须。尾巴上的毛发丰富。整个外貌显得不经意，且乱糟糟的，给人一种不修边幅的感觉。

气质：这种犬表现出快乐、外向而且独立的性格，更为重要的一点是它很容易满足。

趣话狗狗

贝吉格里芬凡丁犬，一种有许多小斑点的法国猎犬，有着古老的血统，它的历史可以追溯到16世纪。它在法文中的名字展现了它的特征。petit——小，Basset—贴近地面，Griffon——毛糙，Vendeen——这种猎犬在法国的起源地。在美国大家喜欢称它为“帕蒂”，在英国称它为“巴塞特”，在丹麦则称之为“格里芬”或“帕蒂”。

这种小猎犬有着聪明的头脑，显露出独特的个性魅力。这是对这种小犬最直接和最主要的印象，但是一头猎犬的发展是在于它的嗅觉。它的生理条件直接与法国西海岸——vendeen的地理环境，如草丛、岩石、棘荆等相关。恶劣的地面条件要求犬要坚强、警觉、勇敢，有耐心和聪明，不仅要求身体而且精神坚强。

法国猎犬的大小决定了它们所参加的狩猎活动。大型格里芬巴塞特犬被用于大的狩猎，如鹿、狼等，而小型格里芬巴塞特犬用于追踪和驱赶小型的猎物，如兔子、野兔，有些时候适用于猎禽类。

中　篇：

看我活得多精彩！

第一章
我活得很精彩——狗道优于狼道

曾几何时，狼道风靡人间，但是当浮华的追捧过后，人们把目光聚焦到我们狗族身上，当人类进行了真正的深入研究后发现，我们狗身上有很多优点，这些优点很值得人们去学习。套用人类发明的一个词，叫“狗道”吧。我们在这里并不是王婆卖瓜——夸我们狗族比狼更优秀。但是我们狗身上的确有很多优点，的确比狼的优点更值得人类去学习。在本章中，我将从多个方面为读者介绍我们到底好在哪里。例如：我们狗现在在人类社会中到底有什么作用；我们狗狗具有哪些智慧；忠诚、敬业与服从是我们的天性等等。

第一节　狗在人类社会中的作用

我们狗，很早就进入了人类的生活之中。在人类的发展史上，时刻都有着我们的影子伴随着人类走在漫漫的长途之中。由于我们狗族是勤奋而忠诚的族群，每个成员都扎扎实实地学习本领，很快我们就在人类的生活中起到了举足轻重的作用。我们的作用主要有以下几个方面：

1. 在狩猎中的重要作用

猎犬的嗅觉、听觉和视觉都很发达。猎犬在狩猎活动中，能比猎人发现更多的猎物，给猎人创造很多有利的射击机会。利用单犬狩猎，可以猎捕兔、狐、

貉、獾等中小动物，有的猎犬配合猎禽狩猎，猎犬搜索、哄赶，猎禽捕捉，可以减轻猎人的劳动强度。猎犬可以衔拾打落水中的野禽，也能把打伤藏了起来的动物找到，还可以把迷路的猎人领回来。

猎犬是猎人的工具，是猎人的耳目和助手，是侦察跟踪的尖兵，是保卫猎人的卫士，是猎人的忠实朋友。猎犬在狩猎中创造的价值，大大超过饲养它所消耗的成本，这是广大猎人实践公认的。

2. 助残犬——帮助残疾人获得独立

助残犬（或服务犬）是经过严格训练的犬，它可以帮助残疾人料理日常生活，并获得更多的独立性。第一次世界大战结束后，德国政府首次开始训练导盲犬来帮助退伍人员。经过精心的训练，导盲犬可以带领盲人安全地走路，当遇到障碍和需要拐弯时，会引导主人停下以免发生危险。一条训练有素的导盲犬会引领主人穿梭在繁忙的人流和街道。后来，人们又训练犬用它的肢体语言来提醒主人各种声音，成为助听犬。当助听犬听到声音时就前后移动，或直接引领主人到发出声音的地方。经过训练的助听犬能够提醒主人，如：电话铃，门铃，敲门声，报警器，闹钟，有人呼叫主人名字等。助听犬能够帮助有听力障碍的主人和其他人交流，从而使主人更好地融入日常社交活动。

3. 牧羊犬——放牧者的助手

在某些牧区例如澳大利亚，放牧犬是人们劳作时必不可少的工作伙伴。澳大利亚人针对当地的气候和自然条件培育出最适应当地条件的工作犬种——卡尔比犬，它是世界上最出色的牧羊犬种之一。一条优秀的卡尔比犬能抵得上六个牧羊人。在澳大利亚，近87000只狗在工作，其中98%是牧羊犬。国际著名的牧羊犬包括：德国牧羊犬（或德国黑背），喜乐蒂牧羊犬，粗毛牧羊犬（或苏格兰牧羊犬），英国古老牧羊犬，短毛牧羊犬，长须牧羊犬，比利时牧羊犬等。

4. 救援犬——解救生命

在海啸、地震或类似“9・11”事件的灾难之后，我们常常看到救援犬和救灾人员一起忙碌的身影。犬依靠高度发达的嗅觉帮助人们寻找失踪人员。在极其危险和艰苦的条件下，它们不畏艰险，不知疲倦、忘我地工作着，为抢救生命和财产而贡献着自己的力量，十分令人感动。

5. 军犬——战争英雄

军犬是一种具有高度神经活动功能的动物，它对气味的辨别能力比人高出几万倍，听力是人的16倍，视野广阔，有弱光能力，善于夜间观察事物。经过训练后，军犬可担负追踪、鉴别、警戒、看守、巡逻、搜捕、通讯、携弹、侦破、搜查毒品和爆炸物等任务。

在遥远的年代里，军犬被用来充当进攻的武器，它被排在了战斗队形的最前列。在平时，军犬被用来守卫兵营、堡垒，及时发现敌情以向哨兵报警。

古代迦太基的军队中曾养有一个军团的猛犬，它们善于进攻敌人的骑兵，专咬战马的鼻孔。公元16世纪，西班牙人在对付剽悍的法国军骑时，曾用训练有素、身披甲盔的军犬设伏，待敌骑弛近，一声号令，群犬奋起攻之，顿时法军马阵被群犬搅得乱了阵脚。

在中国，犬运用于军事也有悠久的历史，古代军事家把它们列为“必征之兵”。相传我国古代军队，在距今2400多年前的春秋战国时期，就已经在城防战斗中开始使用军犬了。战国时期，犬在防御中主要担任巡逻的职责。宋明以后，犬更成了不可缺少的战具。

到了近现代，随着枪炮等杀伤力较强的火力武器的出现，军犬就无法再作为直接进攻的武器了。但在作为辅助武器方面，其作用又得到了不断的发展。人们创造性地把军犬应用到战地通信、救护伤员、前沿侦察、营地警卫、战场搜索、防区巡逻，以及爆破等军事活动中。军犬大规模地运用于现代战争，是第一次世界大战中的事。当时，德、意、法、英等一些国家都编有军犬勤务部队，共有五万至八万只军犬，主要用于传递情报和搜救伤员，其中约有七千只战死在战场上。第二次世界大战期间，军犬被继续广泛应用到许多军事方面，在沟通部队联络、侦察敌情、捕获和押运战俘、寻觅和救助伤员等活动中，充分体现了军犬的作用。

由此可见，我们狗族在人类历史发展中有着怎么样的作用。猎犬、助残犬、牧羊犬、救援犬、军犬可是我们狗族的代表，其他成员的丰功伟绩就不一一列举了。我们是最神通广大的动物，但最让人类心动的是，我们在千年的历史上一直忠心耿耿地陪伴人类行走在坎坷的人生长河里，并自始至终都是人类最忠诚的伴侣。可以这样说，人类的文明史上是少不了我们狗族这一亮丽的色彩的，如果没有我们的出现，人类的历史也许会是另外一番景致。

小故事

义犬救主

三国时期，住在襄阳的李信纯养着一只名叫“黑龙”的犬，黑龙平时与李公子形影不离。有天，李公子带着“黑龙”进城，因醉酒在归家路上倒在城外的草地上睡着了，此时襄阳太守郑瑕在此打猎，由于杂草丛生，难以看清猎物，故命人烧荒。火随风势蔓延到李公子的身边，而烂醉如泥的李公子丝毫不知。

紧要关头，李公子身旁的“黑龙”忙咬拖主人，无效后，见不远处有个小溪，便机智地跑过去跳入溪中，将身体浸湿后，飞奔回醉睡的李公子身边，抖落皮毛上的水将李公子的衣服和周围的草弄湿，往返多次，终因过度劳累而死在李公子身旁。

火没有烧到李公子，待他醒后，明白了发生的一切，扑在“黑龙”身上痛哭不止，太守郑瑕听到这件事，感叹道：“狗比人更懂报恩，人要是知恩不报还不如狗呢。”人们择吉日厚葬了义犬“黑龙”，并在高坟上立碑“义犬冢”。

第二节 狗道，一种比狼道更优越的成功之道

狼在千年的演化过程中被视为强者的象征，它们身上有一种面对困难时的坚强与不屈，有一种不达目的绝不罢休的坚韧，这曾经让无数人佩服，让无数人引以为自己的偶像，并奉之于人生的处事准则。可是，看似弱者的狗道更是代表了一种超前的意识，我们狗的身上更多地带有人性的色彩，也许这是千年来与人类朝夕相处的结果吧！

随着社会的向前发展，生产力得到了越来越充分地发展，人与人之间的联系也日益地密切，人们往往将狼道当作了生存的第一需要，可是在强者的背后，更多的是灵魂的寂寞，无数的人在一边经营着生活，一边却在寻找着精神家园。正当困惑之际，狗道顺应历史的发展趋势及时地出现了。

那么，为什么狗道会受到人类的青睐呢？它为什么会更胜于狼道呢？

原来，在我们狗身上有着许多人向往的美德与精神。

第一：我们是仁义的化身，在主人最危急的关头，我们总能挺身而出，不论主人的贫富贵贱，始终能够不离不弃，那份雪中送炭的温暖曾经感动了无数人。很早时候，我们就受到了人类的尊重，更有皇帝出于对我们的偏爱，还专门设立了“狗监”。由此可见，我们在人们心目中的地位。

第二：我们最大的美德便是“忠诚”，我们总是能够兢兢业业地为主人服务，有的狗久久地守候着主人的墓地，不愿离去；有的狗为了救主人一条性命，竟舍弃自己的生命，我们狗族在用鲜血履行着忠诚的信仰，在用生命报答人类的知遇之恩。

人类是智慧的象征，历史的前进，文明的步伐，总是被冠上人类的名字。其实，有时候，人也是非常非常地脆弱，相反地，我们比人类勇敢多了。当我们看到主人处于险境时，当我们看到主人受到不公平待遇时，当我们看到主人面对着不怀好意的攻击时，我们总会拿出最勇敢的姿势来给予最猛烈的回击。这个时候，我们一改平日里温驯的性情，表现出的是雄狮一般的愤怒，更是一种狼身上才具有的勇敢与不屈。然而，不同的是，我们身上的这种“勇”是为了人类的

“善”，为了忠诚的美德，可是狼却只是为了一己之私，只是为了自身能够在动物的世界里称王称霸，只是为了个人的生存。而我们的行为，已经上升到了一个更高的层次了，一种高于物质与外在的形式，而是一种精神的内涵，一种无私与深情的表达。

第三：敬业与服从是我们的天性……

越来越多的人信奉着狼道，可是越来越多的人却在潜意识里追寻着一种“狗道”。狼道，一种强势的生存之道；狗道，一种更为合理更为深刻的精神之道。其实，狼道的背后，延伸出来的便是“狗道”。强者的背后，即是弱者，坚强的背后更多的是脆弱；弱者的内涵里，更是一种柔弱的坚强。

历史典故

巴黎塞纳河犬公墓

法国巴黎的塞纳河边有一座犬公墓，建于1899年。公墓中已葬有超过10万只的犬，各有各的故事和主人。这座著名的犬墓地虽然面积不大，长不足200米，宽仅20米，但是每日的参观者不断，一个个构思精巧的墓牌、墓碑上刻着主人对爱犬的赞美之词，寄托着主人对伴侣爱犬深深的思念。

在这个墓地的入口处，矗立着一只名叫“巴利”的救生犬的纪念碑，雕像十分精美，这里述说着一个激动人心的故事：19世纪初期，一群来自瑞士、意大利、法国和德国的登山者在阿尔卑斯山高寒地区遇暴风雪而遇险，这只叫“巴利”的圣伯那犬被派出执行营救任务，“巴利”历尽千辛万苦从风雪中先后救出了41人，当“巴利”在深山雪坑中发现一个被冻僵者时，它用体温去温暖被冻僵者，当此人苏醒后误以为遇到了狼而用刺刀刺伤了救命犬“巴利”。“巴利”死后，它的标本被存放在瑞士自然博物馆，人们为了怀念“巴利”，在巴黎的犬公墓特为“巴利”修建了一座纪念碑。

第三节　狗眼中的智慧

我们狗族在人类历史上艰难地走着每一步，人类也曾无数次地对我们抱以最高最美的赞赏，但是人类也曾对我们抱以最卑微地鄙视，我们常常被冠以“狗腿子”，“狗奴才”的骂名，甚至更有人对我们深恶痛绝大声地呐喊：“狗眼看人低”，更有大文豪也拿起他手中的利器向我们投来，并美其名曰：痛打落水狗。于是，一呼百应，众人一轰而起纷纷向我们投来不屑的目光。一刹那间，我们感到了世界的渺小、人情的冷与暖，我们是多么地渴望着世俗的理解，“千古知音最难觅！”我们在迷茫中，寻求着人类温暖的怀抱。

其实，我们狗族绝对拥有一颗公正无私的心，世人所谓的势利，那也只是由于我们所处的立场不同罢了。我们能够现实地看出问题的所在，并非常敏捷地做出自己正确的反应。

我们狗族的眼睛是有着智慧的灵光的，这得益于千年的训练与狼性遗传的。通过这双狗眼来看人，大体上是不会看错的。

墨分五色，黑白灰轮流转，狗眼看人皆黑白图片，其眼部视觉神经因缺少某种管状与锥状细胞，不能分辨色彩。也许正是基于此，我们在观察事物时，能够站在中立的立场上，不偏不倚做出正确的判断，根本就不存在所谓带着有色眼镜看人的情感尺度。

在我们狗的世界里，虽然我们的毛色不一，个头有别，各呈其态，但眼神都格外显著。你看到了吗，那只苏格兰牧羊犬正在深情地凝视着远方，他一定是又在怀念自己的故乡了；还有那只美丽的吉娃娃，她的眼神充满了迷恋的神情，一定又在思念着自己的心上人了；金毛沙皮犬那智慧的双眼里流露出幽怨的神情，他一定又在为死去的伴侣而难过了吧！看到了吗，我们狗眼里流露的可是最真实的感情。

我们的狗眼在辅助我们的记忆中可是有着丰功伟绩的，记得无数次我们就是凭着这双狗眼而准确无误地回到自己的故乡的，记得无数回在与坏人的战斗中，正是这双狗眼给了我们帮助，才使主人的安全得到保证。这时候，人类会感动地抚摸着我们：“多么聪明的狗！”

小故事

人犬恋情

传说在美国一个32岁的男士经过4次离异折腾后觉得人心难测，看破红尘竟然和相处13年的爱犬解为夫妻，婚礼上宾客满座，热闹非凡。无独有偶，美国有位妇女是个爱犬狂，养了40多条犬。弄得家里犬叫声声不得安宁。丈夫忍无可忍，和她最后商谈，让妻子在犬与他之间作选择。结果妻子满不在乎地说：一只犬胜过任何男人，在这个家里倒是主人的爱犬成了插足感情的“第三者”。

第四节　我会永远忠诚于主人，忠诚是狗的最大美德

古往今来，忠诚的故事举不胜举。比干的忠诚可谓千古闻名，用生命换来了“忠臣”的桂冠，诸葛亮“鞠躬尽瘁，死而后已”，他用自己的行动演绎着忠诚的佳话，更有抗金英雄岳飞谱写着“精忠报国”的传奇。这些人都是智者，在他们身上无疑有着智慧的闪光，但是他们之所以被人类赞赏却是因为他们身上无以伦比的美德。这样的美德，便是忠诚的美德。阿尔伯特·哈伯德说过：“如果能捏得起来，一盎司忠诚相当于一镑智慧。”意思是说忠诚比智慧更加珍贵。由此可见，人类对“忠诚”的热爱，也正是基于此，许多企业在不知不觉中将“狗道”引入到了管理中，也就是将“忠诚”注入到了企业的血脉之中。

索尼有这样一句话：“如果想进入公司，请拿出你的忠诚来”，这是每一个意欲进入日本索尼公司的应聘者常听到的一句话。索尼公司认为：一个不忠于公司的人，再有能力也不能录用，因为他可能为公司带来比能力平庸者更大的破坏。

作为老板希望自己的员工既有出色的能力，更有优秀的品质，但是他们更为看重的是一个人对公司的忠诚，毕竟没有人愿意为自己去培养一个对手，这样的人不但不会给公司带来什么利益，甚至有一天会成为老板事业上的绊脚石，自然不会受到英明的领导者的信任。

“世风日下，人心不古”，物欲横流的现代社会更多的是金钱与利益的较量。太多的人都有一双现实的眼睛，他们唯利是图，抱怨公司给自己的薪水太低，但是他们却往往忽略了自己身上的缺陷，是贪婪让自己失去了得到更多财富与更高职位的机会，更是自己的冷漠与无情使自己无法走进老板的心灵世界。当他们看到有些人并没有太超群的工作能力，却可以拿很高的薪水时，他们就责怪命运的不公，其实，命运对于每个人都是公正的，关键是人们看问题的角度有所偏差罢了。而且，这些看似“无能”的人却往往会受到其他公司的邀请，而且这些公司开出更高的薪水。这是为什么呢？也许很多人会感到很奇怪，其实，答案只有一个，那就是忠诚的魅力，因为他们对老板忠诚，对公司忠诚，对团队忠诚。即使有更好的“钱途”，老板也不用担心他们会为了多拿一点薪水而放弃目前的工作。

有这样一则童话：一只一无是处的狗到处找工作，可是找了很久都没有找到合适的。狗灰心地告诉妈妈：“我真是一无是处的废物，没有一家公司肯要我。”可是聪明的狗妈妈却告诉孩子说：“你的确不是一匹拉着战车飞奔的马，也不是一只会下蛋的鸡，可你不是废物，你是一只忠诚的狗。虽然你没有受过高等教育，本领也不大，可是，一颗诚挚的心就足以弥补你所有的缺陷。记住我的话，儿子，无论经历多少磨难，都要珍惜你那颗金子般的心，让它发出光来。”在历尽许多磨难后，这只狗不仅找到了工作，而且当上了行政部经理。骄傲的鹦鹉非常地不服气，他去找老板理论，可是老板冷静地回答：“很简单，因为他很忠诚。”

从此，可以看出忠诚的重要与可贵，有时它会在不经意间帮你走向通往成功的大门。忠诚是我们狗狗最大的优点之一。我们永远忠于我们的主人，这点人类需要向我们学习，尤其是在职场。试想一个老板怎么会让一个能力出众而德行低下的人成为公司的领导者，又怎么会对美德视而不见呢？毕竟，人类是情感的动物，在困难时再坚强的人也渴望着友情，在冰冷的世界里，每个人都渴望着温暖的阳光。老板也是人，他绝不是神，在人人都敬而远之的世界里生活着，他们一样寻找着理解的目光，他们一样向往着人性的真诚。不管人类是否承认，事实上每个人的灵魂深处都在寻找着“狗道”，那是他们对理解与真诚的追寻。只是由于现实的竞争，繁华世界的万样表象，掩蔽了人们内心里的真正需求。

只有狗的忠诚是坚不可破的。

人多犯错误，唯犬能见谅。

狗可能是上帝派来的天使，它们让人快乐，让人幸福，如果你一无所有，单只要拥有一只狗，那么你也会感到无比幸福和快乐。

一只狗带给人的最大快乐就是，当你对它装疯的时候，它不会取笑你，反而会跟你一起疯。

当你贫困的时候，你的狗在你身边；当你痛苦的时候，你的狗在你身边；当你伤心的时候，你的狗依然在你身边。所以，当你遇到不幸时，你也要守候着它，因为它是你的唯一忠诚不变的朋友。

第五节　敬业与服从

敬业与服从是我们狗族报恩的最佳方式。在平日里，我们忠诚地为主人看守家院，在森林里，我们拼命地追逐猎物；在主人开心时，我们费尽心思地做着各种各样的动作，目的只是为了博得主人的赞赏，在主人忧郁痛苦时，我们忠心耿耿地陪伴在身边，我们是无言的动物，我们用世上最为含蓄的语言表达那份对人类最为深沉的迷恋。我们狗族向来只问亲疏，不问是非。我们从来就没有是非观念，也只知道谁亲谁不亲。我们是非常听话的动物，只要主人一声令下，我们就赴汤蹈火，再所不惜。我们狗族在困难面前，在荣誉面前，在冷与暖的世界里，始终保持着千年不变的狗性，愚昧也罢，无知也好，敬业与服从一直都是我们引以为荣的品德。

有这样一个故事：一个女大学生在一个五星级饭店里充当实习生，当她把手第一次伸进马桶刷洗时，差点就当场呕吐。可是，当她看到一位老清洁工从马桶里舀了一杯水喝下去的时候，她一下子惊呆了。后来，她当实习要结束的时候，她也从洗完的马桶里舀了一杯水喝了下去。所有的人都震惊了，这个女大学生就是后来成为日本内阁邮政大臣的野田圣子。人们往往看到了她身上最为光彩的一面，而他们很少探究到事物的本质。世间万事万物有因必有果，正是这个看似平凡的女子身上那并不平凡的品质，使得她走向了成功的道路，也正是那份依然兢兢业业的工作态度，让她如此地与众不同。现代的人类社会在注重能力的同时，更加地欣赏个性与魅力，敬业无疑为这个被命运青睐的女子抹上了一束最为迷人的光环。

狗族社会的发展需要这样的精神，人类社会的进步更是这样的品德推进的。在人类的企业管理中，敬业与服从占据着非常重要的位置。试想，一个企业里的员工没有了敬业的精神，企业如何向前发展，一个员工没有了服从的品质，那么老板的地位与尊严又在哪里呢？不得不问一下，没有敬业与服从，人类社会将何去何从呢？所以，每一个企业在招聘时，都会有一个最为重要的规定：那就是敬业与服从。每个行业有着每个行业的规则，可是这个规则却是每个行业、每个老板都会需要的。

小故事

巧对对联

明代著名才子徐渭少年时会见一姓乌的县令，县令欲试其才，见一狗卧竹林下，即出句曰："笑指深林，一犬眠竹下。"句中"竹"字头下一"犬"字成"笑"。徐渭见县令偏房屋门内靠一木，对曰："闲看幽户，孤木立门中。""门"中立"木"，乃"闲"，县令甚赞之。

第二章
看我有多厉害——狗的吉尼斯

第一节 狗狗之最

我们狗狗也有美丑之心，有时候还爱攀比呢！
你知道在狗狗的选美比赛中，最美的狗是谁吗？
你知道获奖最多的狗明星又是谁吗？
你知道耳朵最长的狗又是哪一位吗？
你知道最长命的狗狗叫什么名字吗？
你知道最聪明的狗之所以聪明的原因吗？
你见过缉毒犬最出色的风姿吗？
你想知道最有毅力的犬究竟有着怎样的风采吗？

好奇吧，那么就由狗王汪汪来向你们一展吉尼斯最为出色的狗最引人注目的一面吧！

最美的狗：

2005年2月，全球最著名的宠物狗选美比赛——第129届“最美狗大赛”——在纽约举行，经过一连串严格的比赛后，一只名为“卡里”的德国短毛波音达犬凭借温柔的双眼、优美的姿态，获得了2005年“最美狗大赛”的冠

卡里

佐巴

沙姆格里特·丹扎斯

军头衔。评委对“卡里”的印象非常深刻，认为长着褐色脸庞的它将一切都表现得十分完美，无可挑剔。

最重的狗：

世界上最重的狗是英国伦敦北部一条叫“佐巴”的大狗，它7岁，体重150公斤，身长2.6米，简直就是狗中“巨无霸”。“佐巴”的胃口大得惊人，每天要吃5公斤牛肉，外加饼干和鳕鱼油等，每周食物的费用超过250英镑。

最轻的狗：

体重最轻、也是最小的狗当属南非开普敦市的“斯波吉”，它出生一个月的重量仅35克，完全可以放进高脚玻璃酒杯中。

最高的狗：

英国一对夫妇曾饲养一只名叫沙姆格里特·丹扎斯的大丹狗，肩高105.41厘米，堪称“狗中巨人”，是最高的狗。

跳得最远的狗：

1849年，在英国，一只名叫“班”的灵狗追赶一只山兔时，曾经一跃跳过了一道宽9.14米的峡谷，成为世界上跳得最远的狗。

耳朵最长的狗：

杰弗里斯

在吉尼斯2003年的世界纪录里，住在英国西苏塞克斯郡的小狗杰弗里斯被认证为世界上耳朵最长的狗。

杰弗里斯是一只矮脚的小猎犬，个子小小的，但是它的耳朵却长达29.2厘米，每当它把耳朵竖起来的时候，那长长大大的耳朵看上去就颇像波音747飞机的机翼。

最长寿的犬：

一只名叫布卢的澳大利亚牧羊犬活了29岁零5个月。犬的主人是澳大利亚的莱斯·霍尔。

奇努克犬

最稀少的犬：

奇努克犬是最稀少的犬。最早于20世纪初在美国培育，主要用于拉雪橇，最多时不足300只。

获得遗产数额最大的犬：

1931年，在美国的埃拉·温德尔小姐名义上“留给”她的名叫托比的纯种卷毛犬7500万美元的遗产。

最多的一窝小犬：

1944年6月9日，美国人W. N. 伊利喂养的一只猎狐犬莉娜，一窝产下23只小犬。

边境牧羊犬

藏獒

最聪明的狗：

边境牧羊犬又名边境柯利，是一种非常聪明的犬种，主要分布在四个国家，英国、美国、澳大利亚和新西兰，美国科学家通过大量测试研究，边境牧羊犬的服从智商超过德国牧羊犬的贵妇犬，在一百多个犬种中排名第一。

最凶猛的狗：

藏獒产于我国西藏和青海，毛长而厚重，耐寒冷，能在冰雪中安然入睡。性格刚毅，力大凶猛，野性尚存，使人望而生畏，它能牧牛羊，能解主人之意，能驱豺狼虎豹。一条成年藏獒可以斗败三条恶狼，可以使金钱豹甘拜下风，在西藏被喻为“天狗”。西方人在认识了藏獒的神奇后，称其为“东方神犬”。

最具耐力的狗：

一年一度从美国阿拉斯加州克雷奇到诺米的 1688 公里的狗拉雪橇赛中，布切尔小姐的狗队在 1987 年的纪录是 11 天 2 小时零 5 分，这是她连续第二次获胜。

最贵的狗：

世界上最贵的一条名叫“马拉顿猎狐狗”，它是灰色的赛狗，价值 25 万美元。它现在已从赛场上退休，只作配种用，而每次配种能获得 750 美元。

最高薪的狗明星：

在好莱坞动物明星里，现时收入最高的是名叫“本茨”的靓狗，它年收入 150 万美元。“本茨”曾主演过 37 部电影和 4 部电视片，一年约工作 100 天，如出席展览会，介绍时装和推销产品等，每天收入 12500 美元，它从 1974 年起至今，已赚到 1.5 亿美元。

最优秀的缉毒狗：

记录中最优秀的缉毒狗是一只名叫特普的金色猎狗，从 1973 年到 1977 年的 5 年中，它共查出价值 6300 万美元的毒品。

拉力最大的狗：

美国华盛顿洲蒙罗的道格拉斯·亚历山大驯养的一只名叫罗德斯白兰地雄的圣伯纳狗，1978 年 7 月 21 日进行现场表演，这条狗在 90 秒钟内拉动载重 2905.8 公斤的一辆四轮卡车前进了 4057 米。

最耐寒的狗：

生活在北极圈内的爱斯基摩狗是最耐寒的狗，它们不畏风雪，不惧严寒，有

爱斯基摩狗

圣伯纳狗

顽强的生命力，在气温零下50摄氏度的环境里，照样繁衍生息。虽然铺天盖地的大雪有时会阻碍它们的活动，使之深陷雪中，然而，此时它们又往往会以逸待劳，只要露出头，便可酣睡起来。

小笑话

代　驾

车祸！司机昏迷，唯有宠物狗无恙。交警问狗：出事前你主人在干嘛？小狗做喝水状，摇摇晃晃。交警：噢！在喝酒。那你在干吗？小狗端坐，双手做驾驶动作。

第二节　吉尼斯十大名狗

你听过狗界“大腕”的故事吗？它虽然有着丑陋的外表，但它却有着一颗善良的心，所谓丑到了极致亦是美到了极致，它是“丑狗之王”，可是它却受到了人类的追捧；

你知道普京总统的爱犬吗？它可是俄罗斯第一犬呢，想看看它吗，想知道它与总统之间的爱恨情仇吗？

你见过克隆狗吗？它虽然只是复制品，可是它却有着大红大紫的人生；

你知道世界上最伟大的狗妈妈吗？你想一睹狗妈妈的尊容吗？

你想知道世界上第一个狗杀手的故事吗？你想看看狗是如何报警的吗？

那么，请别着急，让狗王汪汪细细向你道来。

第1名　2005年狗界“大腕”——纯种中国冠毛犬萨姆

萨姆在2005年可谓出尽风头，它的照片几乎被世界上所有知名媒体刊登。

这一年，萨姆在世界丑狗大赛上连续第三年夺冠，成为名副其实的一代“丑狗之王”。许多看过萨姆照片的人都表示，它简直是丑到人们无法想象的地步！但可惜的是，2005年萨姆走完了自己的生命之路，11月，一代狗王因心力衰竭而被主人（美国人）在加利福尼亚实施了安乐死。

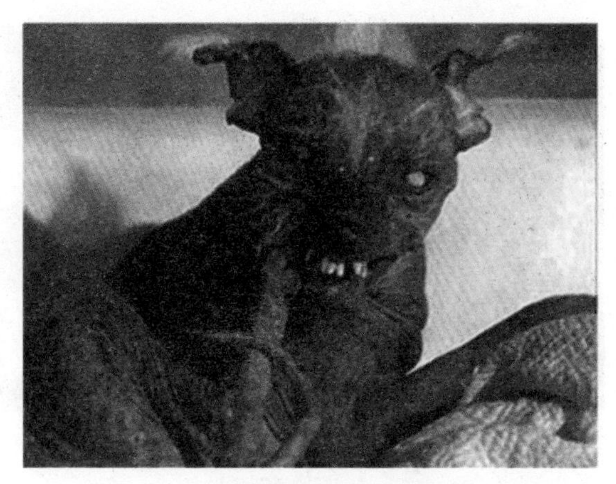

纯种中国冠毛犬萨姆

第2名　俄罗斯总统普京的爱犬——拉布拉多猎狗科尼

俄罗斯总统普京的爱犬——拉布拉多猎狗科尼

科尼可谓是俄罗斯第一犬，因为它出身于总统家庭。2005年初，一本名叫《科尼的故事》的书在俄罗斯上市了，书中科尼摇身一变成为童话主人公，并向人们娓娓道出自己眼中的主人——普京的日常生活。年末，科尼又第一次做了外祖母，因为它的女儿一胎产下11只小狗崽！此外，一年来，科尼还多次陪同普京总统会见各国政要。

第3名　世界上个头儿最大的狗

丹麦公狗吉普森在2005年同样震惊全世界，因为吉普森垂直站立起来2.1米的“身高”，已经完全可以成为人类世界里的篮球队中峰。

世界上个头儿最大的狗

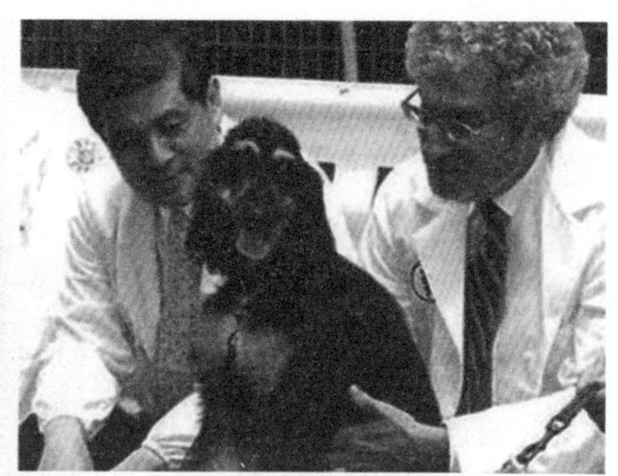
世界首只克隆狗斯纳皮

第 4 名　世界首只克隆狗斯纳皮

自从 2005 年韩国科学家宣布世界上第 1 只克隆狗诞生后，斯纳皮的名字迅速红遍全球。美国知名《时代》杂志则把斯纳皮评为年度最重要的科学发明。

第 5 名　24 胞胎妈妈——英国母狗蒂阿

一只母狗蒂阿因为一胎产下 24 只小狗崽而成为狗族的“英雄母亲”。这些狗崽是在英国医生们为蒂阿实施了刨腹产手术后生下的。

第 6 名　外号叫“小男孩”的俄罗斯流浪狗

这个故事是关于一个叫“小男孩”的俄罗斯流浪狗的。据说，几年前，在莫斯科市一处地铁站旁，一位 22 岁的名叫罗曼诺娃的俄罗斯妇女丧心病狂地拿刀

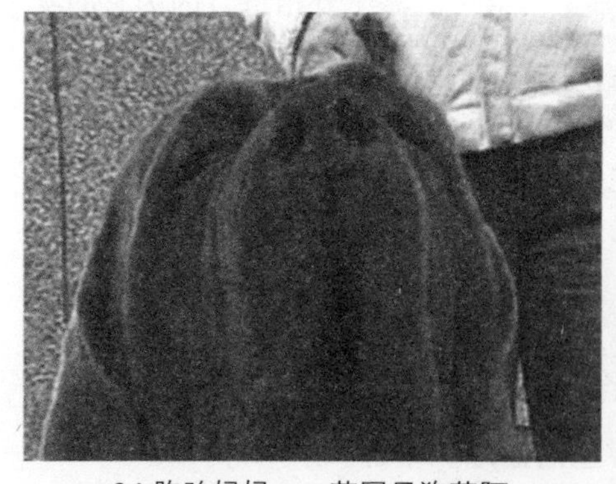
24 胞胎妈妈——英国母狗蒂阿

外号叫“小男孩”的俄罗斯流浪狗

向正在那里徘徊的流浪狗“小男孩”发起猛烈攻击，并最终将这只狗残酷地杀死了。后来人们才知道，这个名叫罗曼诺娃的妇女患有精神分裂症。为了教育人们保护动物，莫斯科市政府花钱制作出了世界上第一座狗铜像，并很快将它竖立在“小男孩”遇害的地铁站上。

第 7 名　世界上第一个“狗杀手”

世界上第一个“狗杀手”

这只保加利亚小猎狗的故事十分离奇，原来它用枪打死了自己的主人。悲剧的经过是这样的：小猎狗的主人、保加利亚人涅德科夫带着它出去打猎，涅德科夫用枪打死了一只鹌鹑，随后这只小猎狗跑在主人前将鹌鹑叼起；涅德科夫要小猎狗将鹌鹑给他，但举动有些粗野，他反拿着猎枪用枪托击打小猎狗的脸，小猎狗用爪子护脸并本能地做了反抗，结果它的爪子无意间碰到了猎枪扳机，结果子弹正击中涅德科夫胸部，涅德科夫被送医院后不治身亡。由此，这只保加利亚小猎狗就在不情愿中成了世界上首位“狗杀手”。

第 8 名　外号叫“幸运小子”的六腿小怪狗

这只外号叫“幸运小子”的小公狗，长了 6 条腿和 2 个生殖器！真是太稀奇了！小狗是马来西亚某寺庙的看门人偶然发现的，看门人将它交给寺庙。现在，“幸运小子”幸福地生活在这家寺庙里。

外号叫“幸运小子”的六腿小怪狗

第 9 名　雌性拳师狗塔莎的基因被科学家成功破译

母狗塔莎在 2005 年对世界科学界作出了巨大贡献。12 月份，美国科学家向世界宣布，他们成功破译了拳师狗塔莎的基因，这一科学成果为生物学家们

塔莎

德国黑背

研究狗的起源和变种提供了巨大便利，同时也为医学工作者研究人类基因提供了参考。

第10名 能打“911”报警电话的德国黑背

这只名叫斯莱耶尔的德国黑背的事迹有些滑稽，它的生活在美国新泽西州的主人的想象力很丰富。这位主人首先教斯莱耶尔如何寻找炸弹和毒品；斯莱耶尔很聪明，没过多久它就掌握了上述本领。随后，斯莱耶尔的主人又开动脑筋想让爱犬成为“救人英雄”，便开始教它拨打报警电话“911”，此后它也迅速掌握了这项技能！一天，斯莱耶尔没事拨通了“911”，警察随后赶到。结果，警察以乱打电话为由对这只德国黑背的主人进行了罚款。

小笑话

狗 眼

一个带狗的男子气势汹汹地对宠物商店的老板说：“你把这条狗卖给我看门，昨天晚上小偷进我家偷了我300元钱，可这条狗连吭都没有吭一声。”

老板立即回答道：“这条狗以前的主人是千万富翁，这300元钱它根本不放在眼里。”

下　篇：

家庭中的“重要成员”——养狗必备常识

第一章
“狗样”生活

第一节 狗的选择

你知道买狗时要考虑到狗的大小、年龄、皮毛，以及品种吗？

你知道在挑选狗时应该注意到的一些细节吗？比如：狗的鼻子、排泄物、体温、步伐等。

你知道自己的性格适合哪种犬吗？

你知道如何去鉴别健康狗和病狗吗？

你对秋田犬、法国斗牛犬、德国牧羊犬的了解有多少呢？

你知道在选购这样的名犬时要注意哪些问题吗？

也许你正在迷茫之际，狗王汪汪愿为你揭开所有的谜底。

买狗时你应该考虑的问题

1. 选择什么样的犬，是选大型犬，还是选小型犬？

这要根据饲养空间和饲养目的来决定。如果有较大的饲养空间，并且准备用作守卫犬或工作犬时，就可以饲养大中型的犬。如果，饲养空间狭小，甚至只能在居室饲养的话，那就只能饲养小型犬。

2. 在幼犬和成年犬之间又如何选择呢？

养幼犬的好处：幼犬可以很快适应新环境与主人建立良好的关系，易于训练和调教，可以按主人的要求养成良好的生活习惯。然而，不足的地方是：幼犬生活能力差，不易饲养，要花费较多的时间细心照料。成年犬生活能力强，省心省力，特别是经过训练的犬更是如此。但成年犬不容易和主人建立良好的关系，要取得它的信任并不容易。有时，由于它思念旧主人，会偷偷跑回原处。

3. 选长毛犬还是短毛犬？

长毛犬优雅漂亮，惹人喜爱。但你要花时间给它洗澡，否则被毛就会缠在一起，使它不舒服。但是，如果你很忙的话，最好别养长毛犬。短毛犬虽然没有那么漂亮，但最重要的是，无需长时间给它梳理被毛。

4. 选公狗还是母狗？

就对人的感情而言，公犬母犬都是一样的。但从性格来说，公犬性格刚毅，斗性较强，活泼好动，没有母犬温顺，不好训练。而母犬虽然温顺，易调教，可是每年发情两次会使住处到处是血，同时还会有怀孕、产仔的麻烦。如果从经济的观点考虑，母狗比公狗合算。此外，如果不想让母犬生育，作绝育手术后（须由专业人员进行），可减少很多麻烦。因此，养公犬还是母犬应根据养犬的目的决定。

5. 选纯种还是杂种？

一般情况下，应选择纯种，因为杂种的外形不雅，而且容易变异，鲜有卓越才能。并且繁殖的幼犬价值不高，另外，杂种犬还不能参加犬展。但杂种犬也有其自身的优点，那就是它价格低、好养，而纯种犬价格高且易得病。

小故事

狼和狗

老远就嗅到羊的气味，狼三步并成两步，猛跑了一段路，可是等到了近前，才发现羊群中有一只狗保护着。狼只得稳住狂跳的心，走过去含笑说：“啊，你们好哇！有狗保护你们我也就放心了，说实在的，我真佩服狗的这种敬业精神，忠实、勇敢的品质，值得我好好学习。”

狗说：“别说得好听，其实你的眼神早已告诉了我，你此时的心里恨不得咬断我的喉咙呢。”

狼见找不到机会只好灰溜溜地走了。

你知道如何挑选狗狗吗

鼻：狗的鼻子在健康状态下是湿润的（刚睡醒觉的狗的鼻子都是干的，健康的狗也是），而且流的鼻涕的颜色为透明的清鼻涕，如果是黄色的浓鼻涕并且伴随咳嗽的话说明狗已经患上了某种呼吸系统的疾病，例如：上感、窝咳、肺炎，或者是狗瘟前期。在挑选狗的时候你可以拿一些食品在它的鼻子前晃动，如果它随着你的晃动追逐你的手，这就说明它的嗅觉是没有问题的。

眼：狗的眼睛应该是清澈干净的，如果眼睛充血、眼球有白膜、眼角有大量的眼屎，眼角肉体突出（说明泪腺有问题），这说明这只狗是不健康的。在挑选时候，可以将狗放在一个比较高的地方并且用手在它的眼前晃动，并且仔细地观察它的反映，如果它表现出恐惧而不向下跳，并且视线跟随你的手的晃动，这就说明它的视力是正常的。

皮毛：检查狗的皮肤主要是防止它有皮肤病和体表寄生虫，用手轻轻分开它的毛。如果皮肤的颜色为淡粉色，这就说明皮肤健康，这时你可以着重看看狗的嘴周围，脖子下面，耳朵后面，腋下和大腿根部的皮肤，因为这些地方是很容易长螨虫的。如果皮肤是呈块或成片状的红色，则说明它的皮肤已经感染了螨虫或者真菌，那么，在这个时候，建议你最好不要挑选这种狗，因为这种病治疗起来很麻烦而且很容易复发。如果在毛发里发现了很多黑色的小颗粒，并且皮肤颜色不正常，则说明它的身上可能长了跳蚤。很多狗都有皮屑，这是缺乏维生素和长期不见阳光的表现，或者洗澡时用的浴液不对，但是，需要说明的是这种情况不是病。

排泄物：狗的排泄物也是判断狗是否健康的一个标准，如果狗有腹泻的现象，大便很稀，则说明它的消化系统有问题，或者是肠道菌群受到了破坏，最坏的就是细小病毒。如果你无法看到它的排泄物，那么你可以掀起它的尾巴，看看肛门周围是否有沾上的大便，一般只有拉稀的狗，肛门周围的毛上才会粘上大便。

步伐：正常的狗的步伐大家都见过，如果狗的步伐不正常，最有可能的原因是因为太小，肌肉和骨骼还不成熟。但是，如果三个月以后的狗步伐有问题，则说明这只狗的骨骼受伤或者曾经受过伤。还有一些狗由于脑部受损也会造成行动方面的后遗症，所以在挑选时请慎重。

体温：38—39 度为正常范围。

脚垫：成年犬的脚垫比较丰满、结实，幼犬的脚垫比较柔软、细嫩。如果有的狗的脚垫干裂的话，则说明这只狗营养不良，幼犬脚垫如果很坚硬的话，则很有可能是狗瘟热的前期表现。

小笑话

狗不懂

有个人被狗咬伤，赶忙到医生那里上药。医生正在收拾东西，准备下班。“看看几点了，怎么这时候才来？”医生满脸不快。“我是知道的，医生，”那人说，“可是，狗不懂呀！”

选择一只适合自己的爱犬

一、在一般情况下的选择

工作犬：一般来说都比较聪明，好训练，服从性强。这种犬是比较有实用价值的。

观赏犬：一般来说都比较漂亮，但没有脑子，很难训练，服从性差。

单猎犬：一般都很聪明，有活力，比较好动。训练还可以，服从性强。

群猎犬：一般都很聪明，非常有活力，很好动，很贪吃。不易训练，很体贴主人，但外出不听口令，大都很漂亮。

牧羊犬：非常聪明，很有活力，大多都可以训练，服从性很强，很依恋主人。

梗犬类：很聪明，好动，喜欢刨洞。不易训练，服从性差，不是很体贴主人。

二、常见品种介绍

牧羊犬类：

苏格兰牧羊犬：性格大多温柔，可以训练。很听主人话。带出门不会惹事，缺点是不会看家。

喜乐缔牧羊犬：性格胆小，很聪明，可以训练。不喜欢主人以外的人，会看家，喜欢叫。

英国老式牧羊犬：性格温柔大方，可以训练。对任何人都很好，出门不会惹事，养在任何地方都适应。但是，这种狗不会看家。

德国牧羊犬：性格稳定，非常好训练。对主人非常依恋。可以为主人干力所能及的所有事。出门不会惹事，而且还会看家。

工作犬类：

杜宾犬：性格较警觉，很好训练。对主人很服从，可以看家。出门有一定危险（如果训练过就没有问题），有点爱叫。

罗威那犬：性格凶猛，很易训练，对主人服从，可以看家。出门有一定危险，不过经过训练便可以解决。

皮特犬：性格凶猛，不易训练。对主人温柔，很不喜欢生人。这种狗可以看家，但是具有非常强的攻击性，所以在选择时可要考虑清楚。

拳师犬：性格稳定，可以训练。具有很强的服从性，但外出有一定危险。不是对人，是对别的狗，不过通过训练可以解决这一问题。这种狗可以看家，而且非常喜欢叫。

哈士奇：这种狗除了漂亮，没有什么优点，很聪明，但不易训练。喜欢乱嚎。对主人服从性一般。喜欢所有的人，但是不能看家。不过，这种狗外出时没有危险，它不会出门惹事。

法国斗牛犬：很聪明，可以进行基本的训练。性格猛烈、刚强。外出有一定危险。喜欢主人，但是，不会轻易亲近他人。可以看家，而且喜欢叫。

英国斗牛犬：头脑一般，不太容易训练。性格有点猛。外出有一定危险。不容易亲近他人。可以看家。

大丹犬：很聪明，好训练。性格稳定，对主人服从。外出安全。喜欢接触人或狗，可以看家。

圣伯那犬：很聪明，可以进行基本训练。对主人服从性好。外出安全。可以看家。

大白熊犬：同圣伯那犬。

单猎犬类：

金毛猎犬：很聪明，好动，好训练。依恋主人。外出很安全。喜欢他人和狗。但是，不足之处是不会看家。

拉布拉多：同金毛猎犬。

英国指示犬：很聪明，可以进行基本训练。外出很安全，喜欢他人和狗。但是，这种狗不会看家，而且喜欢乱叫。

巨型贵宾犬：非常聪明，很好训练。对主人服从性好，外出安全。可以看家。

迷你贵宾犬：非常聪明，可以训练，服从性还可以。外出安全，但是不能看家。

肠犬：很聪明，不能训练，服从性差。容易攻击他人和狗。可以看家，但是非常地贪吃。

巴吉度犬：很聪明，外出安全，喜欢他人和狗，但是，这种狗非常贪吃，且不能看家。它是绝不可训练的狗，因为它的服从性等于零。

寻血猎犬：很聪明，可以进行基本的训练，外出安全，喜欢他人和狗，但是，服从性差，不能看家。

狗的趣闻

狗当邮差

法国伯尼小镇上，唯一的邮差杰姆·弗兰克养有一条名叫卡萨克的狗，它会背着邮包跑在主人自行车前，到了居民家，它会彬彬有礼地伸出爪子按门铃，然后从出包中取出信交给主人。有时主人病了，它独自去送信，从未发生丢失邮件的事。

帮您选择容易饲养的狗

1. 狼狗：雄性体重为 8.5—9.5 公斤，雌性为 7—8 公斤。雄性身高为 38—41 厘米，雌性为 35—38 厘米。在中等体形的狗类型当中，是属于较小的一类。原产地是日本，特征是短毛、竖耳、尾巴向上卷起。毛的颜色一般为灰褐色、红褐色、黑褐色、全红或全黑。性格活泼，动作敏捷，野性十足。

2. 哈巴狗：体重为 8—14 公斤，身高为 30—38 厘米。在中等体形的小狗类型当中，也是偏小的种类。原产地为英国，特征是短毛，耳朵下垂，毛色一般为黑白相间并夹带着一块黄褐色，或者白色和栗色夹杂在一起，性格温驯，天性友好，容易训练。

3. 长卷毛狗：体重为6—7公斤，身高为33—41厘米。是属于体形偏小的中等体形的小狗。这种狗的原产地为英国，面部看起来有点滑稽。但是，它最大的优点是很听主人的话。

4. 约克夏梗宠物狗：体重3.2公斤左右，身高为20—23厘米，是超小型小狗。原产地为英国。毛色呈灰色，略带蓝色。毛色比较单一，身上的毛很长。性格活泼，头脑灵活。

5. 卷毛狗：体重在3.2公斤以下，身高在20—24厘米之间，也是超小型小狗。原产地为澳大利亚。最显著的特点是：这种狗全身纯白，而且性格活泼。

6. 脸卷毛狗：体重在3.2公斤以下，身高在20—25厘米之间，属于微型犬。原产地为德国。全身的毛既多且长。毛色有红、黑、黄、栗色等颜色。这种狗性格温驯，头脑聪明。

趣闻

宠物养得多，布什获连任

美国总统布什竞选连任时获得了胜利，这同时验证了“宠物预测法”。这种预测方法是由美国总统与竞选对手所养的宠物多寡来预测谁会当选，胜选者饲养的宠物多于对手。布什除了官邸的一只爹利犬与一只猫外，德州牧场里更有一头长角牛，而克里只有一只牧羊犬和一只鹦鹉。由于布什养的宠物多一只，所以能成功连任。

这个怪诞的预测方法据说100年来从没有失误过。在1904年总统选举中当选的老罗斯福有34只宠物，对手只有一只宠物狗。而在1920年大选中胜出的哈定总统有四只宠物，他的主要对手亦只有一只宠物狗。1932年大选首次胜出的小罗斯福总统养了11只宠物，刚好比对手胡佛多了一只。尼克松的总统之路是最能显示宠物预测法“灵验”的例子，因为尼克松1960年首次参选时只养有1只宠物，结果是败于有29只宠物的肯尼迪。第三次参选时他饲养的宠物数量已增至4只，结果大胜只有一只狗的对手。

如何鉴别健康狗和病狗

健康的狗对周围环境变化反应灵敏，精神状况良好，爱活动，无怪脾气或异常行为，容易驯服，跟人合作，食欲良好，不过多饮水。健康的体态，应该是站立时呈自然均衡曲线，四肢挺立，无畸形。前胸宽阔，腹呈收缩状，身上肌肉丰满（特别是臀部、背部肌肉），坚实有力。

鼻端稍凉，口、鼻、眼、肛门、阴茎鞘口或外阴部无分泌物，会阴周围毛干净。口唇、口腔和舌粘膜无溃疡、分泌物。牙齿坚固、洁白、无齿垢或齿龈溃疡，眼巩膜无黄染。四肢关节活动自如，无肿胀和压痛。不舐咬体躯、头颈或四肢等。皮肤紧贴体壁，且富有弹性。与此同时，要多注意观察狗的日常生活情况，发现异常，及时请兽医诊治。以下几点是必须经常注意的：

1. 食欲：狗对日常喜欢吃的食物或气味很好的食物不感兴趣，食量减少或完全拒绝采食，都属于异常现象。

2. 呕吐：狗和猫一样是比较容易呕吐的肉食动物。如果稍微吃的不合适，就可能发生呕吐，但是，这也不一定是病。如果发生持续性呕吐，那可就要注意了。

3. 腹泻：当狗发生腹泻时，则说明狗可能生病了。尤其是接二连三的腹泻，那就要采取一些措施了。如果是没有注射过犬瘟热疫苗的狗，更应尽快请兽医诊治。

4. 喷嚏或流泪：喷嚏或流泪是感冒或流行性感冒的主要表现，若能及时就医，一般疗效良好。

5. 鼻端干湿情况。正常狗的鼻端发黑，且呈湿润状态。但是，如果湿的过度，且流鼻水的话，则说明狗可能得了感冒；如果鼻端干而粗糙，那就是发热的表现。

6. 饮水障碍的狗，一见到饮水盆往往会主动走近。但是欲饮不能或进入口腔的水又滴出，这种狗十之八九是咽喉部有病，如咽炎等。患狂犬病的狗，口极渴，由于咽部麻痹不能饮水，有时见水可能会引起狂癫。

7. 当狗表现出摇头、抓耳的状态时，这说明它可能有耳病。如果耳朵内肮脏又臭，可能有寄生虫，耳尖上有皮屑的可能有疥癣虫。

8. 流涎则说明这种狗口腔有病，同时还可以闻到口臭。狂犬病兴奋期则表现出满口流涎。

9. 频频排尿或排粪，并频频做出便溺的动作，却排不出大小便，或仅见痕迹性粪尿。尿频狗可能是膀胱或尿道有问题，便频者可能是肠道有问题，应及时带狗到兽医院就医。

10. 如果狗表现神志不安，频频抓挠自身的皮肤和被毛，说明狗身上有跳蚤、虱子寄生，或感染疥癣、真菌性皮肤病、湿疹或伪狂犬病。此时，狗身上被毛稀薄，可能还有秃毛斑。

11. 牙床和舌头的颜色越红则越健康，白色是贫血，也可能是肠道内寄生虫或便血。

12. 健康的狗多数都会跑跑跳跳，和其他狗在一起玩耍。如果独自睡觉，多是身体健康欠佳。总之，当狗出现上述种种表现或其他反常情况，经过一段时间仍不见好转的，应及时到兽医院诊治。

小笑话

不幸的误解

一位正在旅行的法国老太太带着一条很漂亮的小狗走进了一家餐厅吃饭，由于语言不通，她就对着服务员指指自己的嘴巴，又指指小狗的肚子。

服务员点头拉走了小狗，放了一点点心在她面前，并打手势让她等一下，老太太似懂非懂地点点头。

过了一会儿，菜上来了，老太太吃得非常满意。临走时，她打手势想要拿回小狗，与服务员发生了争执。

懂英语的经理赶来问道：“太太，不是您要求我们代做犬肉的吗？”

教教你如何选择秋田犬

1. 第一次养狗的人，在选购前，最好到养有此犬的人家去参观，了解此犬的外形和习性，做到选购时心中有谱。

2. 如果条件允许，还应找点有关此犬的介绍资料，加以仔细研究，进一步了解该犬的外形和身体各部分的特征，避免选购时的失误。

3. 在挑选时，首先应注意身高和体重的标准，太大或过小，都可能不是纯种。幼犬由于日龄不足，身体尚未发育完全，个体稍小的也可以作为考虑的范围。

4. 秋田犬的头骨较大，为上宽下狭的倒三角形。如果头太小，或成方形脸，则不符合这种狗的外形标准，所以不宜选取。

5. 秋田犬的耳朵为直立的三角形耳，耳尖朝上而耳窝朝前。如果耳朵过大或下垂，则不符合此犬应具有的外形特征，不宜入选。

6. 这种狗的眼睛较小，略三角形，眼睛和眼边都具黑色。如果眼睛圆而大，色浅，则不合本犬的外形标准要求。

7. 鼻子较宽大，鼻尖体质较大，呈黑色。如果鼻部细长而尖小，鼻色过浅，也与秋田犬脸形相背，不宜入选。

8. 颈部较粗而短，肌肉丰满发达，躯干长度超过身高，胸部宽而较厚，胸廓发达，肋骨扩张，如果与上述标准相反，则不是秋田犬。

9. 尾位较高，尾巴则大而丰满，卷曲在背上或贴于肋部，尾毛粗，直而丰满，如果尾巴上竖，直而少毛或像佩刀形下垂，则不符该犬应有的形态特征，不可入选。

秋田犬

10. 被毛应为双层毛，上层毛稍长而略粗，下层绒毛毛层厚而细密。头部、腿部、耳部的毛较短，臂部和肩部

的毛较长，尾部的毛则更长。若各部分毛的长度与此相反，则不像是秋田犬，显然不能选购。

11. 毛色有白色、虎纹色或杂色斑纹，而以白底带棕黄色斑块的最多，如果毛色差异过大，也不像秋田犬。

12. 选定成交时，要向卖主索要该犬的血统证书、双方签字的转让证书等各种证书。

歇后语

打狗不赢咬鸡：怯大欺小

恶狗咬天：狂妄（汪）

恶狼和疯狗作伴：脾气相投

恶狼学狗叫：没怀好意

疯狗吃太阳：不晓得天高地厚

疯狗的脾气：见人就咬

疯狗咬刺猥：无处下口

疯狗咬人：叼着不放

疯狗咬月亮：狂妄

哈巴狗上轿：不识抬举

法国斗牛犬的选购技巧

1. 在挑选购买之前，一方面可参阅一些有关介绍这种犬的资料，一方面可到养有此犬的人家现场察看，对这种狗的身体特征有所了解，这样挑选时就能做到八九不离十。

2. 法国斗牛犬的头部应是较大而呈正方形，头盖在两耳间的部位比较平坦，两眼间有凹陷。

3. 口吻应较宽深，嘴唇应较松软、宽厚，面额上肌肉发达，下颊较深，四方形，较宽而稍翘。鼻部也较宽。唇鼻皆为黑色。

法国斗牛犬

4. 眼睛应在头盖之下，既大又圆，离耳朵较远，不突出，为暗色；耳朵基部应很宽大，耳末应圆而直立，耳根位置应较高，耳毛要精细而柔软。

5. 颈应较短而略带拱形，颈下及喉部的皮肤应较松弛，但皮肉并不下垂。

6. 身材应短圆，骨骼粗壮，肌肉较发达，胸部较宽深，肋部饱满而上收，肩背宽短，腰较狭，臀弯曲而腹发达。

7. 前肢应直而短，后肢应较强壮，长于前肢，脚部大小适中，趾和爪都应较短。尾巴较短，基部粗而下垂。

8. 被毛短细而平滑，柔软而有光泽，毛色为略呈红色的虎色、淡黄色或褐色，或有白底色的魔纹。

9. 如果耳朵不是蝙蝠形，鼻色过浅，体重超过标准太多，都为劣品，不宜入选。

10. 如果头较小而狭长，下颌瘦尖少肌肉，两眼突出，眼睛为灰黄等浅色，皆不符这种狗的特征。

11. 如果尾巴细长而上翘，颈部瘦长而且光滑平坦；四肢细长少肉，总体身材瘦长，皆与其标准差距很大，不宜入选。

12. 挑选时，特别要选身体结实健壮、立姿有神、步伐灵活的狗。

趣　闻

爱犬如命的国度

法国人爱犬如命，这是世界公认的。在法国，对不讲“畜道”、践踏“畜道”的人会严加惩处。他们成立了专门的“动物保护协会”，并由国会议员任主席。据说，曾有人因爱犬咬伤自家的孩子而打死了爱犬，此事被“动物保护协会”得知后，经过核实，义正辞严地向法院提出起诉，结果犬主人被判坐牢。又如1989年10月，法属波利尼首府法庭对17名犯有虐犬罪行的被告给予了每人5500法郎罚金的判决。法国法律规定，犬舍的窨必须足够大，小型犬不得小于2立方米，大型犬不得少于10立方米。

每年度假期间，“动物保护协会”三令五申地提醒人们不要冷落了爱犬，一旦谁家的犬被关在家里饿死了，就一定会有人给主人难堪。但更多的主人对爱犬都是一往情深、倍加爱护的。据说，巴黎有一对夫妇出游后，半夜里突然想起锁在家里的爱犬，便不顾天降大雨与奔波之苦，立即从200公里以外驱车赶到家里看护爱犬，这样的关爱真是达到了无以言表、无微不至的程度。

德国牧羊犬的选购方法

1. 选购德国牧羊犬，应在幼犬出生后40天最为合适。因为德国牧羊犬出生后40天，其体型已发育到和成年德国牧羊犬差不多，已不再会有大的变化了，所以一般都应在德国牧羊犬出生后40天去选定和预购。

2. 被选中的德国牧羊犬，应该是身体健康、活泼兴奋、天真大方、食欲旺盛、无眼屎、不消瘦、鼻垫湿润而凉快，被毛紧贴身、光泽柔顺、两眼有神、生气勃勃、行动灵敏自如的幼犬。

德国牧羊犬

3. 德国牧羊犬的性格，一般都会表现为勇猛、机警、好斗、自信心强、见生人不胆怯，有良好的神经类型等。

4. 选择德国牧羊犬时，可以借机测试一下德国牧羊犬的性格，观察它见生人是否惧怕，能不能自觉地和人一起游戏，对发出的声响或摇动的手帕，会不会敏锐地作出反应，投掷物件给它时，会不会很感兴趣，有没有与人嬉戏的欲望，以及与其他犬共同嬉戏的兴趣。

5. 按照德国牧羊犬应有的标准来检查犬的体型的各个部分，首先是肩高与体长的比例，是否为 8∶10 左右。公犬的身材，可以稍长一些。

6. 公犬肩高应在 62 厘米左右，母犬肩高应在 58 厘米左右；公犬体重应在 35—40 千克之间，母犬应在 29—32 千克之间。

7. 德国牧羊犬典型的毛色为黑背黄腹，前胸有的有白斑，一般多为黑褐色，狼灰色德国牧羊犬也有，但很少；口吻周围以黑色的为佳，人们大多偏爱黑褐色犬，其实狼灰色德国牧羊犬在烈日下作业耐力最好。

8. 德国牧羊犬眼睛的颜色以深浓的为上品，眼形以杏仁形为好，耳朵以直立的为优，尾巴以马刀式下垂的符合要求，尾巴上举的高度不应超过背水平线。

9. 德国牧羊犬的头为楔形，既上宽下窄而较长。公犬口吻要宽大，不宜过于细长。门齿要上颌门齿轻盖下颌门齿前端的 1/3，似剪刀状紧密接触，上颌门齿与下颌门齿之间空隙很小。

10. 德国牧羊犬胸深要达到肘部，膝盖部稍曲，腹部稍收，公犬睾丸要看得见，不应是隐睾丸或单睾丸。

11. 德国牧羊犬四肢应较健壮，步态要稳妥自如。挑选时应让犬走动，如果跑了几步后，后肢就合并在一起跳跃，则说明它可能有伤在身。

12. 德国牧羊犬选定之后，要向卖主索取饲养管理技术资料、血统证书、买卖双方签字的转让书，以及 7—14 天健康安全保证书。

小故事

做客的狗

一天，有个人大摆酒席，设宴招待亲朋好友。这人家里的狗也高兴地跑去请另一只狗，说：“朋友，快走，请你和我一起去赴宴。”那狗兴高采烈地跑来，见到如此丰盛的筵席，它心里暗暗地说：“太好啦！真想不到天底下还有这么多好吃的！让我饱吃一顿，明天都不会肚子饿。”它独自暗暗地窃喜，不停地摇着尾巴，十分信任地看着它的朋友。正在这时，厨师看见狗尾巴在那里四处乱摇，立刻抓住它的腿，从窗口丢到外边去了。那狗摔得大声叫唤，惊慌地跑了回去。路上别的狗遇见它时，都问它：“朋友，宴会怎么样呀？”它回答道：“我喝得太多了，已经醉了，所以我记不清回去的路了。”

第二节　狗的饲养

你知道在接狗狗回家之前，要为狗狗准备合适的小窝、牵引绳、颈圈、食具、狗粮、咬胶吗？

你知道狗狗都需要哪些营养，它的犬粮又是如何制作的呢？

你知道狗狗也有自己的饮食习惯吗？

你知道如何对付挑食的狗狗吗？

你知道狗狗都有哪些饮食禁忌呢？

你知道在狗的成长过程中，不同年龄阶段的狗有着不同的喂养方法吗？

爱犬的人们一定非常地想知道吧，那么就由狗王汪汪来向你们作进一步地讲述吧！

接狗狗回家之前的预备

家庭环境改造：

1. 如果家里在三个月之内曾有狗得过犬瘟、细小等烈性传染病，应当进行彻底地消毒，可以用专用消毒水喷洒来消毒，也可用紫外灯照射一夜。简单的方法是：用“84”消毒液或者烧碱消毒。需要注意的是：扔掉原来生病的狗用过的东西。

2. 给你的狗腾出一块地方来，最好是不易受到打扰，同时也不会打扰到主人的休息，最好能够晒到太阳。但是，不要在没有封闭的阳台，因为外界的环境太容易变化，而且会影响到狗的身体健康，还很容易发生意外。

3. 如果你要饲养的是幼小的狗，应该把家具的腿包起来，防止狗磨牙时啃咬家具，以致给你造成不必要的损失。

4. 家中的电线、玩具、垃圾桶、化学药剂等都应该放在狗无法触及到的地方，防止因狗误食或者撕咬而发生意外。

需要准备的物品：

1. 它的小窝

从凶猛的藏獒到美丽可爱的吉娃娃，它们都是需要有一个栖身之所，无论是大铁笼子还是柔软小窝，甚至是用纸盒垫报纸做成的简易居所，一个窝，对于狗来说，不仅仅是睡觉休息的场所，不仅仅是冬天取暖的地方，也不仅是犯了错误以后逃避惩罚的避风港，最重要的是，有了这个窝，狗在内心里对这个家庭就有了归属感，会把自己投入到这个家庭中，视自己为家庭中的一员。

小窝的挑选：

如果是体型小、运动能力一般的狗，选择一个柔软、能够容其完全自然伸展的小窝供其休息和起保暖之用即可。如果小窝太大，不仅浪费，而且保暖效果不佳；但是，也不能太小，因为太小不利于其活动舒展。

如果是体型较大、运动能力较强的狗，需要准备一个笼子，以便可以限制其活动。否则，不受限制的狗是很可能在家中任意肆虐。笼子的大小要求略高于狗成年发育完全后的正常身高，且能够允许狗在里面自如地转身。如果笼子太小的话，则会影响狗的生长发育。

2. 牵引绳、颈圈

牵引绳也是养狗所必备的，是否使用牵引绳一定程度上代表着养狗的文明程度，任何体形任何性格的狗，在外出时主人一定要给它栓上牵引绳，能够随时控制其的行动，这样不仅可以避免狗发生车祸和误食有毒食物等意外情况，也可以杜绝狗惊吓和咬伤路人，从而给那些对狗心存畏惧的人以安全感。

牵引绳、颈圈的选择：如果是体型较大、运动能力撕咬能力强的狗，应当选择质地较好（如牛皮）较宽的颈圈和较粗的牵引绳以防止其轻易地挣脱或咬断。如果是体型小、运动能力一般的狗可以选择质地一般（如布）稍窄的颈圈和较细的牵引绳。颈圈套在狗的脖子上不宜过紧或过松，过紧会影响狗的呼吸，过松则会使狗容易挣脱，一般以可以伸进一指为宜。

3. 食具

饭盆和水盆主要根据狗的撕咬能力和大小进行选择。如果是体形大、撕咬能力强的狗应当选择较大和不锈钢材质的食具；如果是体形较小、撕咬能力不强的狗狗可以选择较小和塑料的食具。

4. 狗粮

狗粮是最佳的食物，它基本上能够保证狗对于各种营养和微量元素的需求，不需要再从其他食物中进行摄取。选取狗粮最基本的原则就是适口性，即狗爱不爱吃，最好能在购买之前给狗先尝一下，看看狗对哪种狗粮比较感兴趣。目前市场上狗粮的品种很多，各有特点和侧重，需要根据狗的不同情况进行挑选。

狗粮也可以和米饭、肉类等食物拌在一起给狗食用，比例可以任意调配。如果狗存在挑食的情况，比如说，只吃米饭和肉而不吃狗粮，那么可以先给狗吃米饭和肉，然后逐渐增加狗粮的量，减少米饭和肉类的量，逐步达到所希望的比例。

5. 咬胶

狗咬胶作为给狗磨牙之用，并且可以补充一些营养成分，有些咬胶还具有去除狗口腔异味的效用。咬胶的选择主要也是依据狗的喜好以及狗的大小。如果是中大型犬，则可以选择较粗大的咬胶；如果是体型娇小的狗，则可以选择较细的。

6. 玩具

狗的玩具最好是在宠物店中购买，选择狗无法咬坏或易吞食的玩具，以免发生意外。并且，不要给狗玩网球、床垫等有毛絮的物品，狗会不经意地吃进一些毛絮，时间长了毛絮会在胃肠内结成团，造成严重的后果。

7. 药品

如果狗生病，主人最好不要私自治疗，最好的办法是到宠物医院听取专业人士的意见。不过在家里准备一些庆大霉素（胃肠道炎症）、酵母片（开胃助消化），对于一些病情很轻微的状况，还是可以起到一定的作用。

谁的狗最聪明

某日，一个医生、一个建筑师和一个律师在一家俱乐部吃午饭，他们的话题扯到了各自的狗身上，想比一下谁的狗最聪明。

医生的狗首先开始，它从门外衔来一些骨头在地上摆了一幅人体骨骼图。医生给了它一些饼干作为奖励。

建筑师的狗从外面衔来一些树枝在地上搭了一个艾菲尔铁塔的模型，建筑师也给了它一些饼干作为奖励。

最后，律师的狗出场了，它与医生和建筑师的狗交谈了一番，那两只狗便把饼干都给了它。

律师解释说，他的狗现在是那两只狗的法律顾问了。

接狗狗回家

接狗狗回家七小步骤

1. 最好是选择一个自己空闲的时间，而且最好的时间是早晨，在狗还没吃早饭前将它带进家门，这样的话，你就有一整天的时间，充分地和狗联络感情。小狗突然离开妈妈，离开兄弟姐妹，离开它熟悉的味道，它的内心必然十分惊慌，这时必须再找个新的“靠山”。这时，你得体贴而悉心地肩负起责任。早上让它空腹的原因是，也许它会晕车，空腹才不至于吐得一塌糊涂。

2. 第一次接触狗时，首先要紧紧抱着它，先将一只手以拇指、食指、中指分开的姿势护住狗的胸部，再以拇指与食指、食指与中指分别夹住两条前腿。另一只手握住它的后腿臀部，两手臂夹紧，让小狗贴住你的身体，使它可以很快熟悉你的气味，同时感受到你的体温，认定你从此就是它的主人。需要注意的是，绝不可以提狗的耳朵、尾部乃至背部的皮毛。

3. 到家后，别急着逗它玩，它可能会晕车、疲倦，所以先让狗喝点水，到选好的定点尿尿，然后把它放进窝里。把你的一件旧衣服放在窝里，因为旧衣服上有你的气味，可以使它感到你就在身边，这样狗就可以安稳地睡一觉。

4. 狗窝要放在安静的角落，避免直接吹到冷风。只要狗一醒来，立刻带它到定点去，它可能想要撒尿。让它吃和原先同样的食物，一天四次，每次的量不可太多。

5. 夜晚的时候，不要让它喝太多水，在睡前吃一餐，并且把大、小便排干净，这样它就可以睡得久一点，不至于太早起来。

6. 头一、两天，小狗在夜里总会因为不习惯而哭叫，这时，你可以轻声制止它，千万不要太大声，把它吓坏了；也不要因为它一哭就抱它，这样很容易养成它对你的依赖性。防止它夜里哭叫，也可以用块大毛巾或者用报纸盖住笼子或狗窝。如此哭叫会有回音，也可以让它自己慢慢安静下来。

7. 小狗在前两、三天可能没精神，胃口不好。不过，你不必太担心，因为这是正常的适应过程。你可以喂它喝水或给它吃营养膏，并且要注意多让它休息。

接狗狗回家两大技能

一、用正确的姿势抱狗狗：

小狗：两手齐上，一手托它的胸部，一手托它的臀部。托胸的手分开手指夹住小狗的两条前腿，用两条手臂把小狗夹紧，让它感觉到温暖和有安全感。

中型犬：弯着一条手臂，让狗坐在上面，再用另一只手臂环绕着它。

大型犬：不要托着它的腹部，让四条腿悬空，它会感到很不安。可以用双臂环绕着把它的四条腿抱拢，托着它的大腿，这样做就能避免它过分地挣扎。

二、学会挤肛门腺

肛门腺的定期挤压、清理对狗来说是非常重要的，这样做不仅仅是为了驱除狗狗身上的体臭。更为重要的是，狗的肛门腺如果不经常挤压，还会引起肛门腺炎症。

在每次给狗洗澡前要这样做：

第一将狗的尾巴向上翻起，使肛门突出。

第二将手指放在狗的肛门边的四点八点处挤压。

手法一定要注意：由内而外、由轻到重。

而且，在挤的时候，最好拿面巾纸或棉花盖在肛门上，以免臭水溅到身上。还有，注意你的头，不要离肛门腺太近。

趣　闻

巴利和巴黎

在巴黎有一尊塑于1889年的犬纪念像。塑像是一条驮着小姑娘的大犬。碑座上的题词写着：“它救了40个人，却在救第41个人时被那人杀死了。”这条犬的名字叫巴利，与这座城市的名字极为相似，这究竟是巧合还是另有深意，已无从查考了。

巴利是一条公犬，生活在19世纪初的阿尔卑斯山区，那里暴虐的风雪常常危及游人的生命，巴利在这里救助过41人。1812年，拿破仑军队里的一个士兵不幸掉在这里的雪坑中，正好巡行的巴利发现了他。巴利把这个昏迷的人从雪坑里刨出来，并用身体温热了落难士兵僵硬的身躯，当士兵慢慢缓醒过来之后，见了巴利却惊恐万状，竟拔出刀来刺伤了巴利。从此，巴利再也无法去救人了。

1814年，巴利死后，人们把它的遗体做成标本，存放在自然博物馆里。巴利的故事被人们一代一代传颂下来，巴黎人对巴利更是念念不忘，特意为巴利塑了像，以示对它的怀念。

养狗的风水

现在很多人都养起了狗，但并不是所有的人都适合养狗，有些人养的狗很爱生病，可是有些人不论养什么狗都非常地健康。这是为什么呢？也许可以从风水上寻找到一点答案。不管你信与不信，都可以看一看，想一想，就权当娱乐吧！

在每个人的出生时，就有一个属于自己的动物：属相，而其一生运势、财运、事业等都或多或少与这个动物有关联。

在八字中，一个人生于冬天，或八字极寒的时候，很需要热土热泥去给予温暖。而代表热泥的两种动物，一是羊，一是狗。也就是说，吃羊肉及养狗，能够使一个人得到温暖，能够给一个在冬天出生的人带来好运。凡出生于每年十一月八日至次年二月十八日的，都是适合养狗之人，养狗可以给他们的人生带来幸福。

生于五月至八月，或生于十月八日至十一月七日，即生于[巳]、[午]、[未]及[戌]这四个月份的人，八字极熟，一般来说，这种八字的人不宜养狗，也不适合摸狗。还有种说法是，生于四月五日至五月五日（这是龙的月份），由于在这样的月份出世，八字中如出现[甲己]、[乙庚]、[丙辛]、[丁壬]、[癸戊]五种组合之一，并产生良好的合化局，这种人是不能养狗的，因为狗会将龙的生化破坏，每逢八字中需要[辰]去化合和谐，可是一养狗就会破损了合化的局势。

与此同时，狗在十二地支属于“戌”字，而地支与狗相合的有“寅”及“午”，其次还有“卯”。“戌”于方位在乾方，即是西北方。“寅”于方位在艮方，即是东北方。“午”于方位在离方，即是正南方。“卯”于方位在东主，即是正东方。以上四个方位便是与狗相合的。如果住宅大门开在这四个方位，饲养的狗都会比较强壮。

在十二地支之中，处于东南方的“辰”与狗相冲。如果住宅大宅开东南门，这门与狗相冲，所饲养的狗就比较容易得病。另外有一个“丑”位，丑与狗相刑。“丑”的方位在艮方，即是东北方。如果大门开在北方，那是不适宜养狗的，因为狗容易沾染毛病。如果住宅的大门不是开在适宜养狗的四个方位而又必须养狗，可以把狗窝安放在对狗有利的四个吉方上。这四个吉方就是西北方、东北方、正南方、正东方。

另外需要说明的是，狗窝是不适合用金属来做的，因为狗在十二地支之中，五行属土，金属制的窝属金，金会泄土，如果小狗住的地方有太多金属制品的话，那么小狗的健康可就会令人担忧了。

小笑话

狗和丈夫

丈夫抱怨说：“亲爱的，你把我的名字给了咱们的小狗，这样我会经常弄错的。”“不会的，叫狗时我的声音特别和蔼。”

狗的营养需要

1. 犬食物营养需要

狗虽然是肉食动物，但是它可以有效地利用多种不同的食物。这种能力使犬能够从各种食物中满足它对营养的需要。在一般的食物中，都含有不等量的蛋白质、脂肪和糖，它们是狗的能量的来源。狗有简单而短小的消化系统，这一消化系统的结构特点使狗能够很容易吸收肉类营养。所以，它们需要的是以肉类为本的营养饲料。更重要的是狗食的质比量更为重要。狗靠人类给它提供营养的饮食，这饮食既要有营养，又要搭配均衡，千万不能马虎，要根据犬的年龄、体重、健康状况、运动量等，加以变化。

以下是犬需要的营养物质：

蛋白质：是不可缺少的营养物质。一般蛋类、奶制品和肉类都是优质蛋白质的来源。

碳水化合物：主要是淀粉和纤维素，它们是犬的主要能量来源，它存在于谷物、薯和蔬菜中。纤维对犬来说是一种不易消化的物质，但少量有促进胃肠蠕动并且帮助其消化的作用。

脂肪：是狗的能量的主要来源，并可在狗的身体中储藏。食物中脂肪不足时，则易使其他营养物质缺乏；过量时，也会影响到狗的食欲，从而减少蛋白质等营养物质的摄取量。

2. 维生素和矿物质

狗至少需要 13 种维生素，其中任何一种维生素的缺乏都可以使狗出现相应的疾病或生理障碍。例如当缺乏维生素 A 时，会使犬发育不良、繁殖力下降。狗需要的矿物质包括钙、磷、钾钠、钴、锌、铜等，它们是组成其骨骼、牙齿等必不可少的物质。狗对矿物质的需要量及其比例是一定的，当缺乏食盐时就会引起机体生理功能的严重失调，但过量也会引起中毒，甚至死亡。钙磷比例应该适当，一般为 1∶2∶1，由于肝脏中磷含量是钙的几十倍，所以长期喂肝的幼犬也会导致其骨骼发育不良。

3. 成品的犬粮

宠物市场上比较常见的犬粮，有美国的爱慕思犬粮、法国皇家犬粮、英国玛氏公司的宝路犬粮等。它们都是十分科学的营养配餐，但价格比较昂贵。它们主要分为幼犬粮和成年犬粮两种，同时也有一些适合某些特殊营养需求的病犬或工作犬的商品犬粮。

4. 自制犬粮

为了方便和节省开支，主人可以自制犬食品，自制犬食品最重要的是要根据犬营养需要。通常基本成分是肉类、谷物、肝脏、骨粉、植物油和加碘食盐等，用上述原料可制成适合不同年龄阶段犬营养需要的全价营养食品。例如两月龄犬应喂煮熟的牛奶和蛋黄，另外再补充些钙粉和蔬菜，而且应该少食多餐。

5. 喂食时间

喂食时间一般应安排在白天，以便适合狗的活动规律。一日三餐，则早餐8时左右，午餐1时左右，晚餐可在6时进食。而在出生后的十二至十八个月内，均衡营养对幼犬尤其重要。六个月以下的幼犬最好每天饲喂三至四次，之后可减为每天两次。

小笑话

可怜的狗

早晨，两个邻居相遇了。

一个说：“听说，昨晚你妻子大吵大闹了？”

“是的，她在对狗发脾气。”

“可怜的狗！我好象听到你妻子甚至威胁要拿走它进门的钥匙！”

狗的饮食习惯

狗是天生食肉的动物，但是它的食物范围却是非常地广泛。在野外时，它们偶尔也会吃些草、果实等植物，尽管如此，狗从天性上来说还是属于食肉动物。家养的狗与其祖先获取食物的方法有所不同，它们对食物的选择也有所改变，但它们内在的饮食习惯是固定不变的。

一些狗并不挑食，而另一些狗，特别是那些巨型和微型狗则极为挑食。狗比较喜欢食肉，不喜欢吃粮食，而且它们可能会更钟爱某种肉，例如牛肉。它们喜欢各种口味，尤其偏爱甜食及较咸的、味道浓重的食物。食物的气味也很重要，因为，这会影响它们的胃口。

大部分的狗会乐于每天吃同一种食物。如果其饮食均衡，营养充足，那么，这种饮食习惯就是合理的。但许多狗还是喜欢吃不同的食物，即使刚开始时它不

能适应新的食物甚至会产生腹泻。所以，在您为它选择的新的食物时，需要注意的是，最好与它们通常所吃的食物种类相同。

大多数的狗都是每天吃一顿，但如果你对它们的饲喂次数有所改变，它们也会很快适应。在野外，狗可能几天中只能吃到一顿饭，即使这样，大多数狗还是更喜欢一天多餐。无论您一天饲喂几次，只要食物摄取量能满足能量的需求并且食物中营养均衡、充足，就可以使您的狗保持健康。

对大多数狗而言，如果您无限制地为其提供食物，它就会进食过量，但这也因犬而异。狗会超量进食的习惯可能与它从前在野外的生活有关，因为那时它们可能几天也抓不到猎物。所以，当它们吃东西时会保卫自己的食物，甚至会因此抵抗那些比它们强大的动物。在家中，您应训练自己的狗从小就学会放弃自己吃不了的食物。与此同时，请注意，不要让您的孩子们接近一条正在吃东西或啃骨头的狗。

小笑话

狗都懒得理你

张三闲着没事儿老到李四家去串门。李四家养着一条大狼狗，一有外人来，狼狗总要叫个不停。张三刚来李四家的时候，大狼狗也总是冲着他狂吠，可后来张三一天两三次地往李四家跑，李四家的狗见着他就再也不叫了，这事儿让张三也觉得挺好奇。一天，张三到李四家之后就问李四：“以前我来你家，你家的大狼狗老是对我叫个不停，可我最近几天来，你家的狗怎么连叫都不叫了？是不是把我当成你们家的人啦？”

李四说：“不，是你来得太勤了，狗都懒得理你！”

狗狗的饮食禁忌

当人类在吃东西时，狗会全神贯注地看人类嘴里及手上的食物，它们的眼神总是充满饥渴，看在眼里的主人多少会于心不忍偷偷地塞一两块食物给狗狗吃，看到狗满足雀跃的模样更是欲罢不能地给它更多的食物。

而且有些主人还保留有很久以前的养狗观念，他们认为人可以吃的东西狗也是可以吃的，其实这种观念是不对的。人与狗的生理构造及代谢不同，相对的营养需求也不一样，因此有些食物会对狗有致命的危险性，所以狗的“食事”不可以轻忽！

人类在给狗喂食时，一定要根据狗的营养需求，如果你所烹调的食物太过油腻及太咸，长期吃这种食物的狗就容易变胖，而肥胖正是许多疾病的导火线，例如：心脏病、胰脏病、皮肤病，所以爱它就不要伤害它，简简单单地喂养才是最佳的喂食方式。

狗是有灵性的动物，在主人给它们喂食物时，总有些精怪的狗偷翻垃圾桶或是跳上餐桌偷食物，所以下列为狗所禁忌的食物要十分小心地放置：

1. 巧克力

一定会有许多人感到很奇怪：巧克力对狗会有什么危险呢？其实，巧克力对狗狗而言是致命的，这是因为巧克力所含的咖啡因及可可碱对狗狗的心脏及中枢神经系统有着严重的影响。在通常情况下，市面上卖的一条巧克力棒就能引起狗狗的不舒服，轻则拉肚子，重则呕吐、抽搐甚至死亡，而且狗吃进去的巧克力是会蓄积在体内的，这需要较长的时间才能代谢掉，所以今天喂吃一颗巧克力也许会没事，但是隔天再吃一颗巧克力就不会那么幸运了。

2. 生肉或未完全煮熟的肉品

生肉中含有沙门氏菌及大肠杆菌，这些细菌都会使狗染上胃肠道疾病。

3. 过期食品

有些人会因为过期食品的外观看起来没有发霉或是闻起来无异味而舍不得丢弃，但是这些过期食品都存有潜在性的危险，也许已经有霉菌或是其他的细菌产生，只用眼观鼻闻是很难发现的，而且你自己都不敢吃，那么，就更不应该丢给狗来解决过期的食品。

4. 鸡、鸭、鹅、鱼、牛、猪的骨头

大部分的人都知道细小尖刺的鸡骨头是不可以喂狗的，但是却认为牛及猪的骨头粗大可以让狗啃着玩，这是错误的想法，因为这些骨头有可能被狗狗咬成小碎片，而小碎片就会磨损甚至刺穿食道及胃肠道，或是造成胃肠道的阻塞。

5. 锅边肥肉剩汤

经常吃油腻的食物会使狗很容易得胰脏炎，所以不要因为丢掉剩饭剩菜太浪费，而将狗当作你的馊水桶。

6. 盐

当狗吃到毒物时有人会以盐水来催吐，但是当狗食用一定量的盐时，就会具有致命的危险性，所以狗不小心吃入有毒物时应尽快送医院，不要随便采信小偏方而酿成大灾难。

7. 大蒜及洋葱

如果狗偷吃蒜头鸡（超过 40 粒大蒜）或是小包的炸洋葱圈，则会造成狗贫血，这是因为大蒜及洋葱含有大量的硫化物能破坏狗的红血球。

需要说明的是，狗不能吃的东西远不只是这些食物，像常吃水果也会因为维他命 C、纤维摄取过多从而造成软便或拉肚子，甚至因年纪大而出现肾脏功能异常和肾脏结石。

但是上述的七项食物对狗具有较高的危险性，所以家中有狗宝贝的人必须了解其严重性。虽然美食人人爱吃，也希望能与爱犬一起分享，但是这些诱惑食物的背后却是致命的危险，所以真心爱狗的人想要狗活得长久又要活得健康，必须勇于拒绝上述食物的诱惑。

小笑话

属　狗

有几个人在一起喝酒，其中一人猛吃猛喝，旁若无人。有个人就问他属什么的，他说是属狗的。问他的那个人说："多亏您是属狗的，若属虎，连我也都吃了。"

幼龄犬的饲养

幼龄时期是犬生长发育的主要阶段，在这个时期，狗的身体迅速地增长，因而必须为它供给充足的营养。一般出生后头 3 个月主要是增长躯体和体重，4—6 个月主要是增加体长，7 个月后主要长体高。因此，应根据不同的发育阶段，配制不同的口粮。断奶后的幼犬，由于生活条件的突然改变，往往显得不安，食欲不振，容易生病，这时所选的饲料要适口性好，易于消化。3 个月内的幼犬每天至少喂 4 次。对于食欲差的犬可采用先喂次的，后喂好的，少添勤喂的方法。先次后好的方法，可保持犬的食欲旺盛；少添勤喂的方法，会使狗总有不饱之感从而不至于厌倦、挑食。4—6 月龄的幼犬，食量增大，体重增加很快，每日所需饲料量也要随之增多，每天至少喂 3 次。6 月龄后的犬，每天喂 2 次即可。

新购幼犬的食谱，应先按原犬主的食谱喂，然后逐渐转换。对 3 个月以内的幼犬应喂以稀饭、牛奶或豆浆，并加入适量切碎的鱼、肉类以及切碎煮熟的青菜。为了降低饲料成本而又不影响幼犬的营养，可将猪、牛肺脏之类的脏器煮熟切碎后，与青菜、玉米面等熟食混匀后喂犬，这样既经济，犬又爱吃。

有些人认为，如给狗只喂肉类就会使其长得健壮，其实这是错误的做法。全吃肉类不仅不能使狗健壮，反而因消化不良，难以吸收而使狗发生腹泻。肉类中蛋白质虽多，但维生素 A、维生素 D、维生素 E 和碘较少，同时肉类中钙少磷多，长期吃肉，易造成幼犬体内因钙、磷比例失调导致骨骼形成障碍，易于断裂或出现跛行，对于大型犬更不宜过早地喂太多的肉食，否则可能会引起前肢弯曲。

幼犬的饲养中，水是绝对不可少的东西，应经常放一盆清水于固定的场所，以便它在吃食及运动前后任意饮用。如果狗从小就能饮足够的清洁水，这可使其发育正常、胃肠健康。尤其在夏秋季节，天气炎热，体内水分蒸发很快，特别是爱活动的幼犬，如果不及时补充水分，很容易引起组织内缺水，甚至引起脱水而影响狗的健康，最好在每次日常运动后让狗喝一些葡萄糖水（1—2 汤匙葡萄糖粉，加入适量的清洁水）。

幼犬的饲料中应补充钙粉和维生素，这对牙齿和骨骼的生长都是必需的。尤其是骨架较大的纯种犬，如拳师犬、大丹犬等。通常 1 岁以下成长中的幼犬，每日补钙粉的量为每 2 千克，约需 1 茶匙，随着年龄的增长，应按比例增加钙粉的剂量。至 1 岁后，由于犬已进入成熟期，牙齿和骨骼的生长已趋稳定，钙粉的需要量相对减少，其用量为每 4.5 千克体重每日约需 1 茶匙即够。但每日应有适量的室外运动，经过紫外线的照射，以便于钙质的吸收。钙粉喂量过多反而有害无益。

在饲养管理上，幼犬要比成年犬需主人倾注更多的精力，要特别防止少数幼犬霸食暴食，使其他幼犬吃不饱、吃不着。每日每只犬的食量应该随狗的大小而定，这就要靠饲养者的观察来确定。一般来说，从狗采食的表现中就可以看出其饱和饥的程度。如果犬采食迅速，大口吞咽，说明其食欲没有问题；采食后，食盆中剩留饲料，则表明喂得多了，可能过饱；如果狗继续用舌头舐舔空的食盆，或用期待的眼光望着主人，说明它还没有吃饱。对幼犬不宜喂得过饱，以七八成饱为最好。另外，由于幼犬胃肠道尚在发育过程中，更应注意卫生，以防发生胃肠疾病。

年轻犬的饮食

在狗还没有完全发育成熟之前需要继续按成长期的食谱饲喂。在这个时期，

需要的是高营养的食物以便帮它完成发育并巩固其肌肉、骨骼及其他器官的增长。当它接近成年犬的体重大小时，您就可以逐渐按成年犬的食品来饲喂了。在它6个月至2岁龄时（取决于犬的品种）就已完全长成了。在此之前，狗必须慢慢地适应成年犬的食物。

大多数养狗的人都很注意为他的宠物提供充足的食物。由于幼犬成长时对营养的大量需求，它们会最大限度地满足其对食物的需求，然而，这会使许多狗饮食过量，从而对它的健康产生不利的影响。为了避免这种情况，应将处于成长期的犬食控制在适量的范围内。

对于小型犬，在其发育期的超量饲喂会导致肥胖症。摄取的超量食物转化为脂肪被堆积在体内，而当狗的年龄还小并处于成长期时，它的身体会产生额外的脂肪细胞来存储过量的脂肪，并且这些脂肪细胞一旦形成就会终身在其体内。这将会使狗在长大后患上肥胖症。

对于大型犬，在成长期的超量饮食会导致一系列的骨骼变形。

所以监控狗的体重及平时身体状况是很重要的。据此可以确定其喂食量是否合适。定期将它的体重记录在幼犬的成长表中，以检测其成长的速度是否与其所属的品种相符合。可以检查它肋骨上覆盖的脂肪，如果太厚，那么它就超重了。如果您对处于成长期的狗的身体状况有什么问题，可以向兽医咨询。

小笑话

好　狗

在沙滩上，一个男人对另一个男人夸奖说：“你养了一条好狗，它看守你的衣服看了这么久。”

另一个男人答道：“真可惜。这要是我的狗就好了，我已经等了两个多小时了，可就是不敢拿我的衣服。”

壮年犬的饮食

狗也像其他动物一样，靠食物来摄取能量。对狗来说，含有适宜能量的食物还应能提供所有必需的养分，且这些养分应该是均衡的。糖和脂肪是最基本的能量来源，但狗也可以从蛋白质中获取能量。虽然糖类可以为狗提供能量，但它并不是狗必需的。

能量的平衡对保持狗在其生命不同阶段的健康至关重要。摄入的能量太少会使其偏瘦，摄入的能量太多又会导致肥胖及并发症，例如，大型犬会骨骼变形。

狗的能量需求取决于它的活动量，例如，它是否工作，生活在室内还是室外，是否生病，是否已进入老年或正在成长等。处于怀孕及哺乳期的母狗也需要摄取很多的能量。如果您的狗变老后活动量减少，您也许应该适当减少它的饲喂量以避免其肥胖。

如果您使用商业宠物食品，包装上的标签会标明饲喂量。但是需要说明的是，这一饲喂量仅供参考，您应根据狗的具体需求作一些调整。如果它很好动，则需吃的更多一些，如果它很安静则需吃的更少一些。而且，不要忘记将它所吃的其他一些食物考虑在内，比如说，饼干及其他零食。

对狗进行观察是监控其饮食习惯及健康的最佳方法。如果狗很机警并且眼睛明亮，既不胖也不瘦，那么它就可能健康状况良好且营养摄入均衡。

如果您的狗正在变胖，这就有可能是因为喂食过量了。每当此时，您就应减少食物供给量或者在饲喂肉和饼干时减少饼干的数量，以使其饮食均衡。

大多数 9 个月龄或更大一些的成年犬可以每日吃一餐，但如果您方便的话或在这样做会对狗有益的情况下，也可以每天饲喂两次或两次以上。但是，对于幼犬，由于它们的胃很小，最好一天喂两次。

与此同时，青年犬、工作的犬、怀孕的母犬、处于哺乳期的母犬、生病的犬以及处于康复期的犬通常一天需喂多次。

小笑话

你不咬人吧?

一位妇人带她的狗去理发。当被告知要40美元时，她十分震惊。“我理发也只要9美元！”她轻蔑地说。“但你不咬人吧？”理发师很快地回答。

老年犬的饮食

当狗变老后，它的活动量会减少，需要的能量也会减少，所以您需注意它的体重并且在必要的情况下减少饲喂量以保持其体重正常。这对于一条老年犬尤为重要，因为身体的肥胖会增加对其心脏、肺部、肌肉及关节的压力。肥胖犬寿命相对较短。如果狗患上肥胖症，兽医会为其开一张低热量的食谱。

一些狗随着年龄的增长，消化系统会衰退。这些狗不能充分地吸收摄入的所有养分，而且体重会有所下降，在这种情况下，它们适合多餐少食。一些高营养的、可口的、易消化的食物是理想的选择。

如果改变狗的饮食，这可能会有助于缓解一些疾病。例如，如果狗患有肾病，则应减少其磷及蛋白质的摄取量，如果患心脏病则应减少其盐的摄取量。兽医会对狗的饮食提供合理建议，您还可以从兽医那里获得用于各种病症的特殊食品。这些食品配制采用了专业的技术和经验。

您需要做的是：为你的宠物提供充足的水分。但是，一定要注意它的饮水量，如果突然增加，则需要寻求兽医的帮助，因为这有可能是某种疾病的前兆，例如，肾病或糖尿病。

一些老年犬也许还会患颈椎病，所以，在进食时，低头会有困难，在这种情况下，应该将食盘放到一个合适的高度以便于其进食。

小笑话

傻　了

晚上在家门口看见一石头挡路，我生气地把石头扔进旁边的水沟，接着又看见我家的狗扑进水沟，真傻！稍后，老婆过来问：看见咱家狗了吗？我刚上厕所，把它拴石头上了。

妊娠母犬的饮食

怀孕的母犬的体重会在怀孕期间的最后 4 周呈现迅速增长的趋势。怀孕早期如果饲喂过量，则会导致肥胖并且会影响生产。大体上说，怀孕的母犬的饲喂量应从其怀孕的第 15 周起每周增长百分之十到百分之十五。其生产时的饲喂量应比其交配时的饲喂量多百分之五十。怀孕时由于子宫占据了腹部大量的空间，母犬的胃就不能正常舒张。所以，最好每天多餐少食，食物应含有高营养而且必须可口，以满足其需求。

哺乳期的母犬对营养及能量的需求会骤然增加。在这一时期，它会食入相当于普通犬 3—4 倍的食物，以便为仔犬提供充足的奶水的同时也能保证自己的身体状况良好。在哺乳的高峰期（仔犬大约 3—4 个月龄），母犬每天为仔犬提供相当于其体重 4%—7% 的奶水。这时，母犬仍需多餐少食（每天大约 3—4 次），而且食品仍需美味、营养。而且，最好深夜也喂一次。它能吃多少就喂多少，这并不会使它超重。除此之外，您还应确保其在这一关键时期有充足的饮水。

怀孕各种类型

在怀孕期的前 2/3 时间里母犬只需增加少量进食，这是因为这一时期胎儿生长得较慢。胎儿主要的生长阶段是最后三周，这三周中，能量的摄取量应多于普通成年犬的15%到30%。母犬生产时，母犬的能量摄取量应多于普通成年犬的50%。

哺乳期各种类型

哺乳期是在其生命各个阶段中能量需求最大的时期。这种能量需求的增长取决于一窝仔犬的数量、仔犬的周龄。在哺乳的高峰期（仔犬大约4个月龄时）母犬的能量需求为其平时的4倍。很明显，在这一特殊阶段，母犬的食物应可口，易消化，营养丰富，且应多餐少食。由于为仔犬提供奶水，母犬体内水分迅速减少，所以，为其提供充足的新鲜水尤为重要。

（一）妊娠期母犬的喂养

妊娠期母犬的饲养应供应充分的优质饲料，以增强母犬的体质，保证胎儿健全发育和防止流产。由于妊娠头一个月胎儿尚小，不必给母犬准备特别的饲料，但要注意准时喂食，不可早一顿、晚一顿。一般母犬在妊娠的初期食欲都不好，应调配适口的食物。一个月后，胎儿开始迅速发育，对各种营养物质的需要量急剧增加，这时一日应喂三次，除要增加食物的供给量之外，还应给母犬补充富含蛋白质的食物，如肉类、动物内脏、鸡蛋、牛奶等，并要注意补充钙和维生素，以促进胎儿骨骼的发育。妊娠50天后，胎儿长大，腹腔膨满时，每次进食量减少，需要多餐少喂。为了防止便秘，可加入适量的蔬菜。不要喂发霉、变质的饲料，以及其他对母犬和胎儿有害的食物，不要喂过冷的饲料和水，以免刺激胃肠甚至引起流产。

（二）哺乳期母犬的喂养

对哺乳期母犬的饲喂，不但要满足其本身的营养需要，还要保证产奶的需要。分娩后最初几天母犬食欲不佳，应喂给少而精的易消化饲料，如牛奶、麦粉、蛋黄等，并加强饮水（切忌饮冷水），4天后食量逐渐增加，10天左右恢复正常，在以后的哺乳期间，要增加饲料量。每天除上下午各喂一次外，中间要加喂一次。在营养成分上，要酌情增加新鲜的瘦肉、蛋、奶、鸡、鱼肝油、骨粉等。要经常检查母犬的授乳情况，对于泌乳不足的母犬，可喂给红糖水、牛奶等，或将亚麻仁煮熟，同食物一起混喂，以增加乳汁。

小笑话

以怨抱怨的狗

有两只狗在一块儿，四旁无人，狗甲骑到狗乙身上撒了一泡尿立即跑得没影了。以后，狗乙在狗多的时候见到狗甲，却好像没事一般。

上帝便召见了它，问它为何如此，狗乙说："避免别的狗嘲笑我。尽管我吃了亏，狗们还是习惯于嘲笑受辱者，我只在暗处和它理论。"

种公狗的喂养

人们常说："公畜好，好一坡；母畜好，好一窝。"由此可见，养好种公狗是非常重要的。我们饲养种公狗的目的是用来配种以产生优良后代的。种公狗的基本要求为：发育良好，体格健壮，性欲旺盛，配种能力强，精液品质良好，精子密度大，活力强。而要达到这个要求，就要做好以下几个方面的工作：

1. 营养

由于狗的体型较大，易于育肥，所以要对种公狗合理饲喂，做到既营养全面又不浪费。饲料应富含蛋白质和维生素，对配种任务重的狗，可以采取一直保持较高营养水平的饲养，而对配种任务较轻的狗，则采取配种时期加强营养水平的饲养。饲喂时做到定时、定量、保温、保质，每餐喂八成饱，保证充足供应清洁饮水。过肥的种公狗可适当减少饲料供给或降低饲料中营养水平，过瘦的种公狗则相反。一条优良的种公狗应喂得不肥不瘦，腹部紧凑，精力旺盛。

2. 运动

种公狗要单圈饲养，合理运动。适当的运动可以促进食欲，增强体质，避免虚胖，提高性欲和精子活力。种公狗每天应在大运动场或野外运动 2—3 次，每

次不少于半小时。一般狗场，在自繁自养的情况下，种公狗数量不会太多，可由管理人员一个人牵只一狗遛，一方面可以让其有充足的运动，另一方面也可增强其与管理人员的亲和性，有利于日常饲养管理，也有利于配合管理人员进行辅助配种。

种公狗在配种季节或过瘦的种公狗可以适当减少运动量，在非配种季节或过肥的种公狗可适当增加运动量。每次配种后牵着狗遛半小时。

3. 刷拭

对种公狗每天用刷子进行全身刷拭 1—2 次，夏天经常洗澡。这样种公狗性情温驯、活泼健壮、性欲旺盛，对饲管人员依恋性高。

4. 定期检查精液品质

目前各地大都采用本交，每月检查一次精液品质即可。但是，在由非配种季节转入配种季节时应连续几天都作检查，以便根据检查结果，调整营养、运动和配种次数，保证配种质量。

5. 利用

种公狗可在 1—1.5 周岁进行初配，配种强度以 2—3 天配一次为宜，其繁殖年限为 7—8 年。特别优秀的种公狗，如果每天配一次的话，一周应休息 2 天。夏季配种可在早晨或傍晚天气凉爽时进行，冬季可在中午天气暖和时进行。需要注意的是，在食后 2 小时内不许配种，以免发生反射性呕吐。

6. 做好卫生防疫和驱虫卫生

种公狗应严格按照免疫程序进行防疫注射，要做好定期驱虫工作，狗舍要进行定期消毒。

小笑话

训　狗

甲：我想训我的狗，让它想吃东西时就叫。

乙：这应该是很容易的事嘛！

甲：我已经教了它足有100次了。

乙：怎么样，它会叫了吗？

甲：不叫，但如果我不学狗叫，它就不吃东西。

狗狗的发情周期

健康的狗每年发情两次，一般在春季3—5月和秋季的9—11月各发情一次，母犬发情时，身体和行为会发生征兆。主要表现为如下几个阶段。

1. 发情前期。为发情的准备阶段，时间约为7—10天。生殖系统开始为排卵做准备。卵子已接近成熟，生殖道上皮开始增生，腺体活动开始加强，分泌物增多，外阴充血，阴门肿胀，潮红湿润滑，流混有血液的粘液。公犬常会闻味而来，但是母犬却不允许交配。

2. 发情期。是发情征兆最明显并接受交配的时期，持续约6—14天。外阴继续肿胀、变软，流出的粘液色变浅，出血减少或停止。母犬主动接近公犬，当公犬爬跨时主动下蹋腰部，臀部对向公犬，将尾偏向一侧，阴门开闭，允许交配。发情后2—3天，母犬开始排卵，是交配的最佳时期。

3. 发情后期。外阴的肿胀消退，逐渐恢复正常，性情变得安静，不准公犬靠近。一般维持两个月，然后进入乏情期。如果母犬已经怀孕，则发情期后为怀孕期。

4. 乏情期。生殖器官进入不活跃状态。一般约为3个月左右，然后进入下一个发情前期。

公犬发情一般呈现的是无规则性，在母犬集中发情的繁殖季节，睾丸进入功能活跃状态，当接近发情母犬时，嗅到母犬发情时的特殊气味，便可引起兴奋并完成交配。

学英语学谚语

Barking dogs seldom bite.

吠犬不咬人

Every dog has his day.

凡人皆有得意日

Dog does not eat dog.

同类不相残；同室不操戈。

a cat-and-dog life

争争吵吵的日子

犬的分娩过程

犬是多胎动物，由于其品种不同，每胎产仔数也不尽相同。在一般的情况下，小型犬每胎为1—4只，多则6只；中、大型犬为6—9只，少则1—2只，多则12—13只，有记录的是25只。

犬的分娩是借助子宫和腹壁肌、膈肌的收缩，把胎儿及其附属物排出来。子宫的收缩为一阵阵的，具有间歇性，故通常把子宫的收缩称为“阵缩”。而将腹壁肌和膈肌的收缩叫做“努责”。努责是随意收缩，而且是伴随阵缩进行的。

分娩时间因产仔多少、母犬身体素质等不同而长短不一，一般为3—4小时，有时可达7—8小时，每只胎儿产出间隔时间为10—30分钟，最长间隔1—2小时。

分娩时母犬常取侧卧姿势，不断回顾腹部，此时子宫肌阵缩加强，出现努责，并伴随着阵痛。犬的阵痛分预备阵痛、产出阵痛和产后阵痛三个阶段。预备阵痛是由子宫开张而引起的，其特点是微弱、间歇时间长。产出阵痛是胎儿通过产道时引起的阵痛，其特点是强烈、间隔时间短。产后阵痛是胎儿产出后排出胎膜时的阵痛，其特点是微弱、间隙时间太长。当阵痛时间缩短时，母犬呼吸急促且逐渐加强，然后伸长后腿，这时可以看到阴门先有稀薄的液体流出，随后第一个胎儿产出，此时胎儿尚被包在胎膜内，母犬会迅速用牙齿将胎膜撕破，再咬断脐带，舔干胎儿身上的粘液。如果第一个胎儿能顺利产出，其他胎儿一般不会发生难产。

在分娩过程中，有时往往前面生产的胎儿胎衣还未排出来，后面的胎儿已经娩出，有的甚至要在所有的胎儿都娩出后，再排出胎衣。如果胎衣没有立即排出，脐带仍在产道内，母犬可能会咬住脐带而拉出胎膜。而且，多数母犬能吃掉胎衣。

如果母犬在产出几只胎儿之后变得安静，不断舔仔犬的被毛，2—3 小时后不再见努责，这就表明分娩已结束，也有少数间隔 48 小时后再度分娩的，但此时分娩的极大多数都是死胎了。

犬在产后的头一周内，其阴道内还会排出褐绿色的恶露；产后 2 周，其子宫基本复原。如果继续排出恶露，就要及时送往宠物医院进行治疗。

小笑话

桥上卧着一条大狗！

司令官要侦察兵查明前方有没有可以供部队通过的桥梁，侦察兵查明情况后回来报告："有座桥可供坦克部队和炮兵部队通过，但不能供步兵通过。"

司令员发火了："胡说八道！"

侦察兵："绝对是！因为桥上卧着一条大狗！"

母犬产后护理

1. 母犬的外阴部、尾部及乳房等部位要用温水洗净、擦干；更换被污染的褥垫及注意保温。

2. 母犬产后因为要保护仔犬而变得很凶猛，刚分娩过的母犬，要保持 8—24 小时的静养，陌生人切忌接近，避免母犬受到骚扰，致使母犬神经质，发生咬人或吞食仔犬的后果。

3. 刚分娩过的母犬，一般不进食，可先喂一些葡萄糖水，5—6 小时后补充一些鸡蛋和牛奶，直到 24 小时后正式开始喂食，此时最好喂一些适口性好、容易消化的食物。最初几天喂点营养丰富的粥状饲料，如牛奶冲鸡蛋、肉粥等，少量多餐，一周后逐渐喂狗一些较干的饲料。

4. 注意母犬哺乳情况，如果不给仔犬哺乳，要查明是缺奶还是有病，及时采取相应措施。泌乳量少的母犬可喂给牛奶或猪蹄汤、鱼汤和猪肺汤等以增加泌乳量。

5. 有的母犬母性差，不愿意照顾仔犬，必须严厉斥责，并强制它给仔犬喂奶。对不关心仔犬的母犬，这个时候，主人可以故意抓来一只仔犬，并使它尖叫，这可能会唤醒母犬的母性本能。此外，由于仔犬此时行动不灵，所以要随时防止母犬挤压仔犬，如果听到仔犬的短促尖叫声，应该立即前往察看，及时取出被挤压的仔犬。

6. 做好冬季时仔犬的防冻保暖工作。可增加垫草、垫料，犬窝门口挂防寒帘等。如犬舍温度过低，也可用红外线加垫器，可以将温度调节到狗所适宜的温度。

为了刺激仔犬排泄，母犬必须用舌头去舔仔犬的臀部，如果母犬不舔，可以在仔犬肛门附近涂上奶油，从而诱导母犬去舔。

小笑话

演艺圈太复杂了!

有一天，有一个人带着一条狗到唱片公司，他说他是这条狗的经纪人，并说他这条狗会唱歌跳舞云云，老板不相信，就叫小狗表演一次。当音乐响起，小狗跟着音乐载歌载舞，老板目瞪口呆地看着小狗，一边想着这一次捡到摇钱树了，就赶快拿出合同希望与狗签约，没想到忽然一条大狗冲进来，把小狗衔走了。

老板问："怎么回事？"

经纪人无奈地表示："唉！那是它妈妈，它妈妈希望它成为一名医生，演艺圈太复杂了！"

第三节　护理与美容

人皆有爱美之心，狗亦有爱美之心。爱犬的人一定想具体领略一下美容院里的情景吧！那么，就请走进来，由狗王汪汪同时兼狗族美容师来向你们介绍关于狗狗的美容知识。狗狗的美容首先是美容工具的选择，然后才是具体的操作。狗狗的尾巴和皮毛可是狗狗的脸面，要特别精心地进行美容呢！与此同时，洗洗澡讲讲卫生也是狗狗不可缺少的功课。至于一些名犬，比如：松狮犬、贵妇犬、马尔济斯犬、西施犬等，外貌对它们可是有着犹如生命一般重要的作用，所以，美容的技巧、用具的选择、护理的方法等就显得尤为重要！

宠物美容工具详细介绍

拔毛刀

功用：它是犬类专用工具，定期施行，将可使犬只处于最佳毛质状态。这种工具可以拔除死毛，加速毛发的新陈代谢周期，使毛硬质化，以符合犬类之毛质要求。

说明：犬类大都要求粗硬被毛，可是因为分布位置不同，毛的粗细也会有所差别，因此比较讲究的爱犬者会选择合适的刀具，施行各部位的美容工作。

种类：

SS 细目刀（有刃型）：上下毛连拔带割，施行于头部（耳、颊、头盖及混合部位）。

S 中目刀（有刃型）：适用于头、前胸、尾、大腿内侧。

M 粗目刀（无刃型）：适用于体躯（背、胸、腹、股）。

吹风机

功用：毛发干燥、整型（拉直）使用。

说明：狗的被毛量比人类毛发多了好几倍，为了加速干燥时间，可以使用宠物专用大型吹风机，它的设计是大出风量（快干）低热（宠物对热的耐受度比人类低）。可是由于价格高昂，只适用于专业美容工作者，一般家庭饲养少量狗只时，家用吹风机可以适用。

种类：

桌上型：置于工作台上，可随时调整出风位置；价廉，因为体积较大要占用较大的空间，国内很少使用。

立地式：有滑轮脚架，可四处移动，出风口 360° 调整，中等价格，使用最广泛。

壁挂式：固定于墙壁，有可移动悬臂（高低45°，左右180°），而且有一个很大的优点就是最不占空间，但是价格昂贵。

好的吹风机要求：具有耐用的马达，可以调节热力、风量，可以任意地调节出风口左右高低的位置，而且很容易清理吸风口。

吸水巾

功用：当狗在淋浴后，可以用它来吸干被毛水分。

说明：在大量的作业及工作环境中，而且在不可能准备大量的毛巾情况下，因为毛巾的摆放、清洗、烘干都有实际困难，那么用吸水海绵巾，就会方便不少。它不仅体积小、吸水量大，而且可重复使用，正是基于这样的优点，它已是宠物美容的必需品。

耐用好的吸水巾一般收缩膨胀比高，而且表面光滑不伤毛。既耐拧又耐拉，在常湿状态下也不易发霉。

美容纸

功用：保护毛发及造型结扎使用。

说明：长毛犬发髻的造型结扎，以及全身被毛保护性的结扎，都需要使用它来固定，以便与橡皮圈作阻隔缓冲。

种类：

美式：混合塑胶成份，有利于防水但是透气性差。

日式：颜色多样化，虽然看起来美观，但是不足之处就是不能防水。

台湾制：单一白色，优点是价格低廉。

好的美容纸要求：透气性佳。伸展性好，耐拉、耐扯不易破裂。长、宽适度（长40cm，宽10cm）。

橡皮圈

功用：结扎固定使用。

说明：美容纸、蝴蝶结、发髻、被毛等的固定，以及美容造型的分股、成束都需利用不同大小的橡皮圈，一般最常使用的大约是7号8号，超小号的使用者大都是以犬展为目的的专业美容师。

种类：大小不分，以材质分类有以下两种：

乳胶：优点是不粘毛、不卷纸，但是弹性稍差。

橡胶：优点是弹性佳、价廉，但是粘毛。

口罩

功用：防咬、禁食。

说明：胆怯或性格凶暴的宠物，对生人的触摸，会因为紧张而产生排斥或反抗的精神状态，为了顺利完成美容作业，使用口罩成为了必要。

种类：各式各样的产品都以固定口吻部为主要设计，只有猫类是连眼睛也含覆在内（尼龙布制品）以下依材质分类。

铁制：优点是坚固，但是笨重且容易搓伤。

尼龙布制：扣带配以魔术贴，优点是轻便好用，但是不耐久。

皮革制：耐用但扣带难以快速固定，用久有异味。

塑胶制：配以插梢式扣带，好用、光滑硬质表面不易挣脱，易清洗。

好的口罩要求：不伤宠物、易扣、不易脱落、容易清洗。

当我与愈多的人打交道，我就愈喜欢狗。

狗是唯一爱你甚过你爱你自己的生物。

教养好的狗，最大的愿望，是取悦朋友先于自己。

对狗而言，每个主人都是拿破仑，因此狗这么受人喜爱。

养狗是唯一一种金钱能买到的爱。

领养狗，也许是人类唯一可以选择亲人的机会。

狗的美容从耳朵尾巴开始

每只狗都是世界最美丽最可爱的狗，那么怎么样才会使得它们更加地光彩照人呢？应该从哪里开始这第一步呢？就从狗狗的耳朵尾巴开始吧！

很久以前，人类给某些狗剪尾，是为了防止狗在打猎时被一些低矮的树丛给缠住，现在呢？给狗剪尾则纯粹是为了美观。给狗剪尾应该在幼犬还没有开眼时进行，这样可以减轻狗的痛苦。剪尾的长短须视品种而异，通常威士拿犬只剪去1/3；洛威拿犬只剩一尾节，几乎近至尾根部；迷你宾沙犬剪至第三尾节处，以竖起为佳；都柏文犬却应在第一或第二尾节处剪断，看起来要与脊椎骨相连，切忌软垂或过长。

主人在给狗进行剪耳时，一般应在狗出生后2—3个月内进行。剪耳时，给犬带上口罩，助手固定好头部，先在术部剪毛，然后常规消毒，局部浸润麻醉，用手术刀切开预定处皮肤，钝性分离皮肤和软骨，向耳根方向分离2厘米，在该处切除软骨，余下皮肤自然形成一个套，充分止血，撒布消炎粉或青霉素粉，缝合皮肤，用纱布和脱脂棉包裹上，外边包扎绷带固定，防止搔挠。剪耳一定要按“耳模”进行手术，如剪得不合适，以后还可变成垂耳，不但不好看，反而有碍于耳道卫生。因此，家养宠物可不必剪耳。需要注意的是，手术最好由兽医进行。

通常给狗剪耳，只是在某些打斗的犬或大耳朵犬为了美观或行走时方便才施行。如美国拳师犬经剪耳后，就显得颈长、骨路匀称，不显粗大，步法爽朗，轻巧，也有气势，嘴皮阔而垂下，使体型线条与耳型配合。而英国的不准剪耳，所以同样的拳师犬显得粗豪，骨架粗壮，但颈短。

小笑话

狗、公鸡和狐狸

狗和公鸡交朋友，一同赶路。天将黑时，它们走进树林，公鸡飞到树上，栖息在枝头，狗睡在下面树洞里。

天快亮了，公鸡照常啼叫。狐狸听见鸡叫，想要吃它，便走来站在树下，对公鸡大声说：“你这鸟很好，对人有益。快下来，我们合唱几支夜曲吧！”

公鸡回答：“朋友，你到树根底下，叫醒守夜的，让它把门打开。”狐狸去叫守夜的，狗突然跳出来，咬住狐狸，把它撕成了碎块。

狗狗和人一样更需要化妆

牙齿

狗就像人一样也有时也会出现牙齿问题，所以主人一定要每天替爱犬刷牙，以防止牙垢、牙石和牙周病形成。你可在宠物用品店或动物诊所购买狗只专用的牙刷和牙膏；幼童用的软毛牙刷也可以，但是需要提醒的是，千万不要用人类的牙膏替狗只刷牙，这会引起狗只消化系统的不适。按照牙膏标签上的指示，用适量的牙膏刷牙，谨记要把爱犬每一只牙齿的表面都刷一遍。在最初几次，狗会因为不习惯而东窜西逃，那你便要耐心地帮助它去适应。假如狗怎样也不肯刷牙，你可用软毛巾或消毒纱垫替狗只抹净牙齿。你不妨在狗粮内加进一些粗磨或爽脆食物（如穀物和蔬果等纤维多的食物），这些食物在咀嚼时可磨擦牙齿表面，有助口腔清洁。

眼睛

狗的眼睛也是非常重要的，主人要经常检视爱犬的眼睛，看看有没有异样：眼水过多、眼球太红、眼角处出现三眼皮（表示眼皮肿了），这些都是问题征兆，应该立即请医生诊治。清洁狗的双眼时，应该用湿润的棉花球或纸巾，轻轻地在其眼部周围揉抹，切勿用手指或棉花棒等硬物，因为这些东西是容易刺伤眼睛的。

臀部

虽然有点儿恶心，但你最好时常检查爱犬的臀部，看看有没有肛裂、发炎，也看看狗只的粪便有没有黏在肛门，弄得一团糟。如果你的狗因发炎赤痛而不肯上厕所，那么肛门部分便很可能出了问题。不要自己动手扳开狗的肛门来帮它排泄，应向兽医求助，让他代劳。假如狗儿常常在排便时弄得臀部“污烟瘴气”，你便应替它把臀部的毛修短一些，特别是那些长毛狗。

作为主人首先要让你的狗觉得修饰仪容是一件有趣的事，这时，你可在替狗整理时预备一些特别的食物，以作奖励，它便会贴贴服服地任你舞弄。你可得要有耐性，成功可不是一朝一夕的事。

修剪趾甲

长趾甲会使狗有种不舒适的感觉，同时也容易损坏家里的家具、纺织品和地毯等物品；长趾甲很容易劈裂，而且易造成局部感染，妨碍狗的行走，也容易使狗刮伤自己。因此，定期修剪趾甲是有利于狗的健康的。

不能使用普通剪刀来修剪狗的趾甲，要用专门的剪刀。修剪要有耐心，刚开始的时候，只能摸摸脚爪和看看趾甲。接着，通过几次尝试，你才能修剪趾甲。主人不能太心急，记住要慢慢来，否则狗是不会听话的。握紧脚掌，争取一次成功。每一趾爪的基部都有血管神经，在洗澡后待趾甲浸软后再剪或者用婴儿油涂在趾甲上，这样可以看得更清楚，并且容易剪断。但应该注意的是，修剪时不能剪得太多太深，一般只剪除爪的 1/3 左右，并应锉平整，防止造成损伤。如果修剪后发现狗行动异常，那么一定要仔细检查止部，检查有无出血和破损，若有破损可涂擦碘酒。

歇后语

老猫犯罪狗戴枷：无辜受累

老牛钻狗洞：难通过

猫钻狗洞：容易通过

皮娃娃砸狗：招你不当人

肉包子打狗：一去不回头

三伏天的狗：上气不接下气

如何给狗梳理皮毛

在给狗梳理毛发时，要特别观察身体的局部和全身变化。如：在慢慢地拨开毛发后，仔细查看皮肤上是否有跳蚤、虱子等寄生物、皮肤炎症、皮屑、伤口，甚至肿块等等。这些情况要引起我们的重视，因为这会影响到狗的心情和健康。

首先，在给你的狗梳理毛发前，一定要先了解它喜欢你抚摩哪些部位和不喜欢你抚摩哪些部位。所有的狗都有自己敏感部位，当你抚摩到这些部位的时候，一定要仔细地、轻柔地梳理。否则它若生气，就不会与你配合了。你一边梳理，一边以柔和地语气和它讲话，使它感到这是一种享受，那样它还想着下一次的梳理。

健康护理皮毛：

定期的皮毛护理对狗的健康是非常重要的，不仅可除去脱落的被毛污垢和灰尘，防止被毛缠结，而且还可促进血液循环，刺激皮肤产生能保护皮毛的油脂分泌，增强皮肤抵抗力，解除疲劳。仔细检查皮肤问题，留意毛发脱落、发炎以及异常敏感部位。如果发现它有瘙痒的表现，那么一定马上去就诊，让兽医帮您检查。

梳毛：

梳毛应顺毛方向梳理。最好是先从小范围开始，缓慢地梳，直到梳通为止。自前向后，由上而下依次进行，即先从颈部到肩部，然后依次背、胸、腰、腹、后躯，最后是四肢和尾部，梳完一侧，再去梳另一侧。如果有些毛发由于成团或打结而无法梳通时，需要用剪子把它剪开，但是需要注意的是不要伤到狗的皮肤。有些人在给长毛犬梳毛时，只梳表面的长毛而忽略了下面的底毛（细茸毛）。狗的底毛，细软而绵密，如果长期不梳理，则很容易形成缠结，甚至会引起湿疹、皮癣或其他皮肤病。在对长毛犬梳理时，应一层一层地梳，即把长毛翻起，然后对其底毛进行梳理。一般先用齿目密的梳子和篦子疏通，再用齿疏的梳子。

刷皮毛：

先从头部开始，然后慢慢地刷到尾巴和腿部。定期刷皮毛对狗是很有帮助的，那么这样做到底有什么益处呢？原来，这样做有助于皮肤分泌保护毛发的油脂，使得毛发健康而有光泽。另外，需要特别提醒的是，主人要用钢丝刷逆着犬毛的生长方向刷，使得毛变得蓬松。

呵护幼犬：

狗虽然是动物，可是狗也是有感觉有灵性的，所以人类要像呵护小孩一般来爱护它。梳理的时间应选在幼犬精力充沛的时候，而且首次梳理时间不易太长，5 分钟左右，甚至更短点。为了能让它保持安静，你要一边梳理，一边和狗说话，语气要尽量亲切一些。同时，检查耳朵、爪子、牙齿和腹部等部位。当你梳理次数多了，狗就会变得越来越习惯了。最终，你的狗就会非常地讨你喜欢，想着你下一次再给它梳理哩。

频率：

经常的，有规律的梳理非常重要。一般选在你和狗都有时间的时候，最好在狗散步回来后，此时它的精神比较放松，也比较安静。同时，你也不受别的事情打扰，用充分的时间给它来梳理。长毛犬应该每天刷皮毛，然而短毛犬每周两次即可。需要注意的是，间隔的时间不要太长。

谚语与俗语

指黑狗，骂黄狗；鸡飞狗跳墙

狗眼看人低；向别人脸上抹狗屎

一张人脸一张狗脸；来猪穷，来狗富

狗肉滚三滚，神仙站不稳；狗是百步王，只在门前狂

如何给爱犬洗澡

洗澡的时间：

有些人认为，狗自己能用舌头舔干净被毛，不必洗澡，而有些爱干净的人怕狗太脏，就经常给狗洗澡，其实，这些做法都是不对的。通常，室内养的犬每月洗1次澡即可，我国南方各省由于气温高、潮湿，可以1—2周洗1次澡。我们知道，在犬毛上附有一层自己分泌的油脂，它既可防水，又可保护皮肤，尤其是长毛犬，还可使犬毛柔软、光滑，保持坚韧与弹性。在洗澡过程中使用的洗发剂肯定会把犬毛上的油脂洗掉，如果洗澡次数过于频繁，就会使犬毛变得脆弱暗淡，容易脱落，并失去防水作用，使皮肤容易变得敏感，严重者易引起感冒或风湿症。当然，洗澡次数没有硬性规定，一般根据犬的品种、清洁的程度及天气情况等而定，如多种短毛品种的犬，如果每天擦拭体表，可以终生不洗澡，而对一些长毛犬，每月洗1次即可。

洗澡的方法：

有的专家建议，半岁以内的幼犬，由于抵抗力较弱，易因洗澡受凉而发生呼吸道感染、感冒和肺炎，尤其是北京犬一类的扁鼻犬，由于鼻道短，很容易因水洗而发生感冒、流鼻水，甚至咳嗽和气喘，同时，水洗还可影响毛的生长量、毛色和毛质。因此，他们认为半岁以内的幼犬不宜水浴，而以干洗为宜，也就是说每天或隔天喷洒稀释1000倍以上的护发素和婴儿爽身粉，并且勤于梳刷，即可代替水洗。

仔犬是非常怕洗澡的，尤其是沙皮仔犬更是怕水，即使地上的小水坑，它也会避开。因此，要做好仔犬第一次洗澡的训练工作，即用脸盆装满温水，将仔犬放在盆水内只露出头和脖子，这样它会感到舒服，以后也就不会不愿洗澡了。另外，应防止仔犬眼和耳内进水。

对于不愿洗澡的犬，应该采取正确的入浴方法。让犬头向你的左侧站立，左手挡住犬头部下方到胸前部位，以保持好犬体。右手置于浴盆侧，用温水按臂部、背部、腹背、后肢、肩部、前肢的顺序轻轻淋湿，再涂上洗发精，轻轻揉搓后，用梳子很快地梳洗，在冲洗前用手指按压肛门两侧，把肛门腺的分泌物都挤出。用左手或右手从下胯向上将两耳遮住，用清水轻轻地从鼻尖往下冲洗，要注意防止水流入耳朵，然后由前往后将体躯各部用清水冲洗干净，并立即用毛巾包住头部，将水擦干。长毛犬可用吹风机吹干，在吹风的同时，要不断地梳毛，只要犬的身体未干，就应一直梳到毛干为止。

洗涤时应注意的事项：

第一，洗澡前一定要先梳理被毛，这样既能把缠结在一起的毛梳开，防止被毛缠结得更加严重，也可把大块的污垢除去，便于洗净。尤其是口周围、耳后、腋下、股内侧、趾尖等处，犬最不愿让人梳理的部位更要梳理干净。梳理时，为了减少和避免犬的疼痛感，可用一只手握住毛根部，用另一只手进行梳理。

第二，洗澡水的温度，不宜过高过低，一般春天为36℃，冬天以37℃为最适宜。

第三，洗澡时一定要防止将洗发剂流到犬眼睛或耳朵里。冲水时要彻底，不要使肥皂沫或洗发剂滞留在犬身上，以防刺激皮肤而引起皮肤炎。

第四，给犬洗澡应在上午或中午进行，不要在空气湿度大或阴雨天时洗澡。洗后应立即用吹风机吹干或用毛巾擦干。切忌将洗澡后的狗放在太阳光下晒干。由于洗澡除去了被毛上不少的油脂，这就降低了狗的御寒力和皮肤的抵抗力，一冷一热就容易发生感冒，甚至导致肺炎。

松狮犬的美容（以松狮犬为例讲述狗狗的美容）

松狮犬的毛发特点：

松狮犬是有着双层体毛的犬种，这种类型的犬一般有两种类型的被毛：粗毛松狮犬和短毛松狮犬，都应有双层被毛。

粗毛松狮犬：

如果是粗毛，被毛丰富、浓密、平直、不突出、紧贴着身体。表面毛杂乱，底毛柔软、浓密，类似于羊毛。被毛在头和脖子周围形成了一圈浓密的流苏般的鬃毛，衬托着松狮犬的头。公犬的被毛就像流苏一般，它的毛在一般情况下都比母犬长。尾部的毛为羽状。明显的修饰是不能接受的，主人可以为其修剪胡子、脚以及后跗骨部分。

短毛松狮犬：

除了外层被毛的数量和分布以外，短毛松狮的判定标准与粗毛松狮的判定标准基本相同。短毛松狮犬有一身硬质、浓密、光滑的外层被毛，以及界限分明的内层被毛。腿上和尾巴上不能有明显的流苏状或羽毛状的毛。

毛质与毛量：

至于松狮犬的毛质和毛量，血统与先天条件是主要的决定因素。仅仅依靠后天的改变是很微小的，但日常的管理以及所在地区的气候对它也有着不可忽视的影响。过于潮湿和闷热的天气，会引发皮肤和毛囊问题的出现；过于干燥，会产生大量的静电，使外毛容易折断，所以好的营养和适宜的温度与湿度的控制是相当重要的。

松狮犬

给松狮犬定时地梳理是必须的，而所用工具就以天然的棕毛梳最为适合。它可以最大限度地减少静电的产生。在梳毛的时候一定要从底部开始，一层一层地梳通梳透。这样的梳理大约一周两次就可以了。如果你的松狮犬的毛质较枯，就要选择一些可以“锁住”水分的用品了，也可以使用“护毛膏”等产品。但是需要特别提醒的是，钢丝梳不适合手法生疏的人使用，使用不当会对毛囊造成极大的伤害。

除了要按时梳理毛发，还要经常为它修剪脚底的毛发和趾甲。这样做首先可以防止它的脚掌变形、脚趾松散，其次还可以减少异味的产生。

贵妇犬的美容（以贵妇犬为例讲述狗狗的美容）

贵妇犬的修毛最复杂，修毛法也最多。为了让它更加地靓丽多彩，主人应按一定的规格修剪，不能随便剪，以免影响美观。但作为家庭宠物，为了使犬凉快和适当的美观，可按“荷兰式”修剪。其方法为：头顶部的毛应剪成圆形，长度适中，可留下胡须，面部、脚踝以下和尾巴根部的被毛都应剪短，臀部、肩部和前肢的毛，剪成长约 4 厘米的毛，而将腰部和颈部的毛剪短，看来好像穿上了“牛仔裤”一样。尾尖部应剪成一个大毛球，这样不但好看，而且使人感到清爽与“醒目”，也不至于发生湿疹。也可作如下的修剪：

对于头部较小的犬，可把头上的毛留长些，并剪成圆形，而颈部的被毛要自然垂下，耳朵的毛要留长，这样才显得头部稍大而美观。对于头部较大的犬，则应将毛剪短，而颈部的毛不需剪短。

对于脸长的犬，应将鼻子两侧的胡子修剪成圆形，才能强调重点。而眼睛小的犬，应将上眼睑的毛剪掉两行左右，这样才能起到放大眼圈的作用。

对于颈部短的犬，可通过修剪颈部的毛来改善其形状，而颈中部的毛要剪得深些，这会使人感到颈部长些。体长的犬，把胸前或臀部后方的毛剪短后，用卷毛器把身体的毛卷松一点，会使身体显得短些。胖犬，最好是将全身的毛剪短，四肢剪成棒状，能使身体显得瘦些。

马尔济斯的美容（以马尔济斯犬为例讲述狗狗的美容）

马尔济斯又名魔天仙。标准式的马尔济斯犬，具有长长的、绢丝般光泽的被

毛，身躯较长、较矮，全身为纯白色丰满的长毛，但它的眼睛和鼻子都为黑色，而且行动活泼、胆大。颈部约为身高的1/2，给人一种强而有力的感觉。卷尾上扬于背部，有丰富而柔长的放射状饰毛，给人以十分高雅的感觉。因此，给其美容时，要注意头部的修饰。

将眼睛下缘的毛剪掉一半，鼻梁上的毛从中线开始向两边平分梳开，唇周边较粗的胡子和长毛由根部剪除，两侧胡须的长度约为头长的1/3。背部的毛沿背中线向两侧垂下。对于尾根周围1厘米处的毛，则用梳子、剪子将其修整，尾毛应左右分开，尾根部可涂少量油。脚的四周应沿脚尖用剪子修剪成圆形，对于趾间长出的毛也要小心地剪除。体毛多的犬则可用手将外侧体毛掀起，用梳子对内侧的毛进行梳理，毛量较稀少的，则让内侧毛自然下垂后再用梳子往上梳理。在梳理外行时，可由上往下分三四次梳，决不可一梳梳到底。

修剪下摆时，让犬站立在修剪台上，左手拿梳子压住长毛，将梳子的一侧固定在修剪台上，再行修剪，这样便可修剪成漂亮的下摆。

西施犬的美容方法

作为明星的西施犬有着圆形的头盖，大大的耳朵，而且全身被着一身漂亮的毛发。它耳根部比头顶稍低，两耳距离大。圆长的体躯，短短的背，但却保持水平。颈头部高抬，四肢较短，为被毛所覆盖。尾巴高耸，多为羽毛状，向背的方向卷曲向上，不可卷曲，底毛则为羊毛状。据此特征，在对西施犬进行美容时，体躯的被毛由背正中线向两侧分开，在背线的左右3厘米处涂上适量油脂以防被毛断裂。为了防止腹部的毛缠结和便于行走，对腹下的被毛应用剪子剪掉1厘米左右。为了让它那只翘起来的尾巴更好看，可在尾根部剪去0.5厘米宽的被毛，将其体毛的下部修剪成稍比体高长些，但是太长就会影响其行动，不能充分发挥其活泼的特性。

西施犬的毛质稍微显得脆弱些，这就使得它容易折断和脱落，脸部的毛也比较长，容易遮盖双眼，影响视线，因此，对这些长毛应实施结扎，以防折断和脱落，而且还可增加美观。结扎的方法是：先将鼻梁上的长毛用梳子沿正中线向两侧分开，再将鼻梁到眼角的毛梳分为上下两部分，从眼角起向后头部将毛呈半圆形上下分开，梳毛者用左手握住由眼到头顶部上方的长毛，以细目梳子逆毛梳理，这样可使毛蓬松，拉紧头顶部的毛，绑上橡皮筋，再结上小蝴蝶结即可。也可将头部的长毛分左右两侧，并各梳上一个结，或编成两个辫子。这样，西施犬看起来就像是个东方的古典美人呢！

马尔济斯犬

小故事

骆驼、狮子与狗

骆驼在一次动物论坛上谈到狮子的不是，特别说到狮子伤害一些温情的动物，言辞有些激动。作为狮子的忠实的朋友的狗引起很大的恐慌，狗在一次狮派会上提出：“狮子的伟大是定论的，不容否认。骆驼在论坛上讲狮子的不是，这是原则不分，这是搞小山头主义，我们要坚决制止，不能让骆驼这样的言论动摇伟大狮子威信，不能让骆驼的思想影响到整个动物界。”

狮子听了，笑着说：“骆驼是好同志，我确实有不足之处，以后要改正。难道我连骆驼这点指出都容不了，我还能叫狮子吗？狗先生你说呢？”

狗点点头，本想捞点资本，却自找没趣，只好灰溜溜地退出。

第四节　狗的训练

罗马不是一日建成的，聪明的狗狗也绝不是一日就可以培养出来的。那么狗狗究竟应该如何训练才会更加科学与合理呢？不用发愁，狗王汪汪会把所有的专业知识都传授给你的。首先是训犬的思路的问题，然后才是具体的训练。幼小的犬刚刚面对复杂多样的生活，在它们的头脑中一切还是一张白纸，所以这个时期的训练就显得尤为重要了，这个时期将会影响到狗狗一生的命运，在此时既要注意狗狗本领的培养，也要注意培养狗狗诚实的品质。对狗狗进行一些简单的服从训练与禁止训练等等。与此同时，玩赏犬与工作犬在人类的生活有着极为特殊的意义，对它们要加以细心地培养。

训犬的基本思路

1. 要夸奖与抚摸

人类训练狗的目的是为了使生活更加地多姿多彩，是为了“教”，而不是“骂”。最好的办法是经常地给狗以夸奖和抚摸，让狗理解主人快乐的心情。

2. 口令要清楚

为了便于狗的理解和记忆，训练的口令最好使用简短、发音清楚的语句。发出命令时，应尽量避免用大声大气或发怒的口吻。因为狗也是非常敏感的，上述做法会使狗渐渐地把挨骂和训练联系在一起。另外，同一口令对不同性情的狗要采用不同的口气。例如，同是“蹲下”，对神经质的狗要温柔地或爽朗地命令它，对活泼好动的狗则大声地、断然地命令它，饲养者要根据狗的性格选择不同的方式。

3. 避免多余的夸奖

当狗十分听话的时候，要对它进行一定的夸奖。但是如果动不动对它夸奖，那么就会使它产生迷惑，使它不知道什么时候能够得到夸奖。这样一来，关键的训练也就很难进行下去了。

4. 纠正要及时

当狗正准备做“不可以做”的事情的瞬间，主人应大声、果断地制止它。如果事后再来训斥它，狗就不会明白其中的原因而且依然会继续做那些“不可以做”的事。更严重的是，在不明原因的情况下经常遭到训斥，狗就会渐渐地对主人产生不信赖感，变得不再听主人的命令。

5. 坚决杜绝体罚

主人训练狗时，千万不能采取体罚的方式。因为狗和任何动物一样，它对人抱有非常强的警戒心。从狗的立场来看，不明原由的被打、被踢，只能造成“被虐待”的印象。如果是非常强大的主人，狗也许会因为害怕而服从。但是，在这种环境下成长起来的狗会存在着极度不安全感，有时会攻击力量较弱小的小孩或老人，甚至会发生咬伤人的危险事件。因此，在狗不听从指挥的时候，大声命令的同时，用水枪冲着狗的脸射过去，大部分的狗就会安静下来。

6. 随时随地训练

训练是不受时间限制的，应该随时随地进行训练，比如：在散步、吃饭、来客等一些日常生活中，都应耐心地教狗哪些是“该做”，哪些是“不该做”的事。

7. 绝不放弃

狗的记性可不是很好的，它不是只教一两次就能马上记住并照办的动物。它需要在不停地训练的过程中逐渐形成记忆。因此要求饲养者要有耐心，不断地对它进行训练。

8. 培养适应能力

狗对自己不喜欢的东西，时常是躲避，或冲着它吠叫，或干脆捣毁它。这有时会给主人造成很大的麻烦。当面对这种情况时，主人首先要有耐性，绝不能心急，让狗慢慢地接近它不喜欢的东西，同时要不停地以温和的声音对它讲话，使它平静下来。如果这时候对狗进行打骂的话，反倒会使狗产生逆反心里从而使其躲得更远。此外，让狗远离它不喜欢的东西和场所的这种饲养法，只能是增加饲养者的苦恼，而且饲养者对此束手无策。

9. 不与别的狗攀比

每个狗的能力是不同的，因此，要采取与之相适应的速度来训练，绝不能与别的狗比差距，从而认为“我们家的狗悟性真差”，主人要对自家的狗充满信心。

10. 向专家咨询

在训练的过程中，如果碰到什么疑难问题，请随时向专家或兽医咨询。

谚语与俗语

狗戴帽子装好人

狗怕夹尾，人怕输理

狗朝屁走，人朝势走

狗不咬拜年的，人不打送钱的

狗头上插不得金花

狗住书房三年，也会吟风弄月

狗尿花，自己夸

狗仗人势，雪仗风势

狗脸亲家驴脸皮，扭过脸来笑嘻嘻

幼犬的早期训练是关键

养狗的人，谁不希望自己的爱犬教养有素，聪明伶俐，善解人意，人见人爱啊！但你可知道，一只训练有素的狗可不是天生就如此的，它必须是从小就开始进行训练。由于狗天生就有着对人的忠实性和服从性，这就造成人对犬的培训一旦养成犬的习惯，犬是很难改变的。大多数训犬专家认为，五至六个月的幼犬是开始严格训练的最佳时间。因为这个年龄阶段的幼犬，正是开始独立生活和接受外界新鲜事物的阶段，在这个阶段强化幼犬的训练，较易培养。

训练幼犬首先要做好三点：

第一，教幼犬熟悉它的名字，这里不再重复，但要声明这是训练幼犬的第一步，一定要做好！

第二，让幼犬习惯颈圈与牵绳，颈圈与牵绳是对幼犬的一种限制，必须让幼犬明白颈圈与牵绳是其生活中的一部分。平时除洗澡外，可使幼犬常带颈圈，外出时接上拉绳诱导幼犬跟着您散步，最好能保持它靠你左边行走。如果它有乱跑的企图，可轻轻地拉紧牵绳对其进行限制。当你停止走动时，可用牵绳将其限制在你身边，并轻按其背部让其坐下，逐步形成习惯。

第三，主人要以身作则，对幼犬进行训练时切忌粗暴和打骂。经验证明，性格粗暴的人训练出来的狗，其性格往往也是凶狠跋扈的。对幼犬训练，一定要耐心和细心，采取的手段则多采取奖励的方式，少用惩罚的方式，这样做才有利于培育幼犬的温顺性格。

以上三点都做好了，就等于打好了训练的基础，接下来，你就可以在幼犬更大些的时候对其进行更严格和更高层次的训练了。

小故事

猪和狗

垃圾场上，一头猪对一堆烂白菜叶发生了兴趣，咀嚼的嘴巴流出绿汁来。这时，一条狗跑了过来，“猪老兄，那边还有更好的东西呢。”猪跟狗走了过去，一看果然垃圾堆上有饭店倒出来的饭菜，看样子，恐怕有些是人们没吃上几口就扔掉了，旁边还摆放着半瓶酒。

于是，猪和狗像人一样，坐在那里，一边吃菜一边喝起酒来。猪说：“人们吃的东西太丰富了！可惜，我们不能和他们一起享受。”狗说：“可不是吗，有的人大手大脚的，宁可扔掉了，在桌上也要摆满酒菜。”

不知过了多长时间，猪和狗在不知不觉中喝醉了，躺在那里打起呼噜来。赶巧，一个拣破烂的路过这里，轻而易举地把猪和狗捆了起来，拉到家里宰杀，之后又卖掉，发了一笔不义之财。

第二天，一家饭店亮出牌子：本店有新鲜的猪狗心肝肺出售。

培养幼犬诚实的性格

小狗出生6个月后是感情较丰富的时期，这时对它进行情操教育，可以和它建立起牢固的感情基础。你可以边爱抚它边让它理解顺从主人的重要性。

另外，这个时期还应让它多与不同的人和动物接触，并培养它诚实开朗的性格。

1. 爱抚是必不可少的，能培养它的顺从意识。在给爱犬梳理毛发时，不仅要抚摸头和背部，还要触摸到耳朵和趾尖、臀部等一些敏感的部位，使它逐渐适应被人爱抚，这样给它刷牙和清洗耳朵时就不会很费劲了。

另外，如果小狗四脚朝天把肚子露出来，就表示它已经“降服”了或是向你撒娇，这时你应该轻轻地爱抚它，以培养它服从主人的意识。主人要从爱犬幼年时期就经常给它梳理全身，让它逐渐意识到梳理也是一种享受。

2.让它多与人和其他动物交往，培养它的社交能力。如果只让它在家里与家人接触，一旦换了新环境，它会感到紧张。所以为了培养它开朗的社交技能，要让它从小就多与人及其他动物接触，以积累大量的社交经验。

让它和其他犬类接触时，为了防止它产生恐惧感，可以先让它接触性格温和的犬类，然后慢慢地和其他犬类接触。让爱犬与其他小狗边玩耍边熟悉狗类的语言，这样可以增长它的社交技能。

3.和它边玩耍边用语言沟通，使它逐渐适应人类。主人要一边和它说话，一边和它玩耍，让它意识到人并不是可怕的动物。不久，它就会对主人抱有很强的信任感了。

小故事

狗和兔子

一只狗出去找食物吃。

遇到一只兔子，它跑上去把它按住了。兔子流着泪说："等等，狗大哥！你听我说，我是一位母亲，上有两个老人，下有四个小孩，俺那死鬼丈夫早成了人家的盘中餐，可苦了我了，家里四个孩子都嗷嗷待哺，其中最小的孩子还没睁开眼儿，可已会喊妈妈了，妈妈！妈妈！我饿了！听听那稚嫩的声音，多招人疼！可怜死个人儿了！狗……狗大哥……我……"兔子已泣不成声了。

狗动情地哭起来了，十分同情这只兔子。

狗擦了擦眼泪，然后一口咬死了兔子，兀自抽泣着大口吃起来。

狗擦擦眼和嘴，说，我同情你并不代表我不会吃你！处在别人的位置为别人着想并不意味着对自身利益的放弃！

狗的非反射行为与训练

狗有多种形式的非条件反射活动，这些活动既是其维持正常生存的必需条件，也是训练狗的必要基础。现将与训练有关的几种非条件反射简述如下：

1. 食物反射

食物反射使得狗借以获取食物，以维持生存所需。主人可以通过饲养管理，保证狗的正常生存和发育，建立和加强狗对自己的依恋性。同时，也可以利用狗的食欲，引诱其做出某些动作，并通过食物奖励来加强和巩固狗的正确动作。

2. 自由反射

狗也和人一样渴望着自由的生活，它总是想方设法挣脱人类对自身活动的限制，以获得自由，所以自由反射就被应用在了狗的训练中，这可是非常重要的强化手段和调节神经系统活动状态的有效措施。

3. 防范反射

防范反射，狗借以维护自身安全，对侵害对象采取主动进攻或被动逃避。它是培养狗勇猛、机警素质训练的基础。

4. 探求反射

狗借以及时觉察外界环境和事物的变化，探明与自身的利害关系，以便采取相应的行动。它是培养狗警戒能力和诱导狗嗅认气味的基础。

5. 猎取反射

猎取反射，这是野生犬生存采食的主要手段，这一特性在犬家畜化后在某种程度上已逐渐退化。在训练中，可通过耐心细致而巧妙的诱导，充分调和培养犬对获取所求物的高度兴奋和强烈占有欲，这是培养其追踪、鉴别、搜索能力的重要基础。

6. 姿势反射

姿势反射，狗借以协调躯体姿态的平衡。在训练中，可利用狗固有的自然动作姿态及机体平衡运动反应，通过正确的诱导和适当的强制，使狗完成某些基础科目的动作。

谚语与俗语

狗急了要跳墙，人穷了要造反

狗咬三生冤，蛇咬对头人

狗咬一口，烂到骨头

狗肚子里搁不住四两油

狗占人势，鸡占地皮

狗多不怕狼，人多不怕虎

狗坐轿子，不服人抬

狗怕弯腰狼怕蒙

狗见兔子，没有不捉

狗见骨头亲，横竖一家人

狗的简单服从训练

狗是聪明的动物，它以取悦主人为乐，而且它非常地乐于服从。训练它服从的习惯，是让它在人的规范下，日子更好过一些。六个月大后就可以开始训练狗了，这时狗的玩心仍然很重，所以主人可以将训练当成游戏和它一起玩。

首先要让狗记住自己的名字。小狗最容易记住那些简洁的只有两个音节的名字，如“沙沙”和“毛毛”等。每一次当你训练小狗或和它一起玩耍时，应不断重复地叫它的名字，使它在你叫它时，会停下来并听你说话。一旦你可以通过这一方式来吸引小狗的注意力，你就可以开始训练它学会服从一系列基本口令了。

训练用的工具包括 ：

1. 训练用颈圈。

2. 好一点的链条。

3. 长约十米的绳子。

4. 许许多多的耐心以及毫不吝惜的鼓励。

以下就是一些基础训练：

1. 前进

让狗贴着你，收短链条，喊“走”后自己先开步走，同时用手掌拍大腿两声，狗如果有犹疑表现，就拉链条，它脖子一勒，只好跟进。

2. 停、坐下

喊“停’时，链条上扬使狗仰头，手掌拍大腿一声，同时压住狗的臀部让它端坐，使它习惯于一停就坐下。

3. 过来

套上十米的绳子，先让狗待在一边，然后喊‘过来”，一面拍腿两声，一面拉紧绳子。当它乖乖过来后，立刻喊“坐下”，拍腿一声（同坐下的动作）。

4. 卧倒

主人在喊“卧倒”时，同时手掌像游泳的自由式向后划，并且一手拉狗的两条前腿，另一只手则压住它的头顶向下。

5. 起来

起来就是要狗准备前进或过来，喊“起来”时，用手捞起它靠近后腿的腹部，使它站立。

6. 长坐

当它坐好时，喊“不要动”，手掌前推，人慢慢后退，停下来，手掌不要放下，长坐三分钟就算合格。

7. 长卧

当它卧倒后喊“不要动”，同样的手掌前推人慢慢后退停下来，手掌依旧前推。长卧三分钟就及格了。

训练狗时，要选在空旷的场地，不要被周围的环境所干扰，狗才能专心学。每次练习一种，每天十五分钟，学会了一项动作后，拿掉链条绳子再练习，满意了再教下一种。

主人要特别记住的是，当狗做错了或不听指挥时不要处罚它，反而是它一做对了立刻摸摸它的头，赞美几句，它会更服从的，因为狗也是喜欢听表扬的话的。

小故事

跑错厕所的狗

一天这只黑狗和群狗们在厕所旁玩耍。

这时，它看见一只公狗跑进了母狗厕，便说：一个公狗进了母狗厕！群狗们都嘲笑起来了，纷纷说不可能，准是一个母狗。公狗进公厕，母狗进母厕，错不了！黑狗争辩说，你们没看见它大腿之间吊着的那个东西？狗们说看见了，但可以肯定的是这母狗下边长了个脓包。

正争执着，那只如厕的狗出来了，大家都拥上去，看了个清楚。

只听那只如厕的狗红了脸说：“对不起！我是过路的，内急，这时才知道进错了厕所！”

这只黑狗便说：“我们常以自己的思维惯势把别人的失误冠以某种合理性！”

狗的禁止训练

这一训练是为了纠正狗随意吠叫和乱咬人、畜、家禽等不良行为。

（一）止吠

1. 预防吠叫

主人牵犬进入训练场地，助训员利用能诱发犬吠叫的一切因素逗引犬吠叫。主人要密切注视犬，当狗欲叫时，及时发出“非”的口令，并用手轻击犬嘴，阻止犬吠叫以保持安静，当犬安静后立即给予奖励。然后，助训员继续挑逗，主人

根据犬的表现，及时制止犬将要发生的吠叫行为表现，使其保持安静。如此反复训练，直到犬对“静”的口令形成牢固的条件反射。

2. 制止吠叫

这种训练主要用在平时的管理中，主人要抓住犬出现乱叫的一切机会进行训练。当某种因素引起犬吠叫时，主人立即发出“非”的口令，同时轻击犬嘴，制止其继续吠叫。在这种刺激仍然存在时，狗不出现吠叫时，主人应该即时给予奖励，反之，继续给予轻击犬嘴的刺激。如此反复训练，直到狗能根据口令而安静下来。

（二）禁止乱咬人、畜、禽等不良行为

结合日常环境锻炼，将狗带到有车马、行人、家畜、家禽等活动的地方，将牵引带放长，让其自由活动，并严密监视其行为表现。如果狗有扑咬某一对象的表现时，主人应该立即用威胁音调发出“非”的口令，并伴随猛拉牵引带的机械刺激。当狗停止不良行为后，就用“好”的口令加以奖励。这样训练一段时间后，便可改用训练绳放长距离掌握训练，直到能取消绳子控制，而狗完全根据禁止口令停止不良行为为止。但要随时严加管理，不断巩固训练效果，以防事故的发生。

训练中应注意的问题：

1.“非”的口令和猛拉牵引带的刺激，应该在犬刚有表现或正要出现不良行为时使用。刺激的力量要强，但必须适合犬的神经类型和体质情况，以免产生不良后果。在事后使用口令和刺激，其效果是不好的。

2. 如果因为训练“禁止”而造成狗过分抑制而影响其他科目的训练时，应该暂停这一训练，以缓和狗的神经活动过程。

3. 禁止狗的不良行为应坚持经常性地训练，不可能一劳永逸。否则，会有反复。

小故事

巧对对联

清代末年，淮北某乡一牧童春日牧羊于野，忽一官员驰马经过，冲散羊群，牧童惊慌呼唤，官员下马，交谈中出一上联让牧童对：

鸡随犬行，一路梅花竹叶。

牧童抬头看了一下，对道：

羊跟马跑，遍地松子核桃。

官员冷笑说："村野顽童，不学无术。我说鸡犬脚印比梅花竹叶，生动形象；你说松子核桃，那羊马脚迹也不像呀。"牧童指指正在拉粪便的羊、马说："那不是遍地松子核桃吗？"官员一看，原来说的是羊屎蛋、马粪球呀，倒也生动形象，不由哈哈大笑。

玩赏犬的训练

训练玩赏犬的目的，一是使其养成良好的饮食卫生习惯，便于饲养管理；二是要让其会做几个逗人的小动作，给犬主和家人带来乐趣。训练的科目简单易做。

1. 训练犬听话

狗虽然不懂人说的话，不明白每个字的意思，但是对人的语气和手势却很敏感。因此，在训练犬听话时，必须用坚定的语气配合手的动作，如家中养的犬，听到门外有人活动时就狂吠，这不仅是一种不礼貌的行为，而且也影响家人休息。在这个时候，主人应该立即用手握紧犬的嘴，同时用十分肯定的语气，摇头说"不行"，经过数次训练之后，它就会明白这样狂吠是不对的。有的主人非常地溺爱狗，对这种情况不采取坚定的语气加以纠正，反而以手轻抚犬，柔声说“不要这样顽皮”，这样使犬容易误解为主人在鼓励它。无论是表扬或禁止，必须当场进行，否则时过境迁，就收不到预期的效果了。

2. 训练犬在固定地点大小便

由于玩赏犬大部分的时间都生活在室内，如果随处便溺，会给主人带来许多的麻烦，这不仅影响卫生，久而久之还会使人产生厌烦情绪，对养犬失去信心。因此，训练犬在固定地点大小便，无论对于家庭或社会公共场所的卫生都是非常重要的。

此种训练，最好从幼龄犬开始。因为幼犬在3—4月龄以前，自己控制排便的能力较差，膀胱充满尿液后，或者遇到刺激和干扰时，就会随地小便。

训练的方法是：在一定地点放一个便盆，并且在里面放旧报纸，上面铺些沙土或炉灰渣，在一定的时间内（如喂食以后，早晨起床后，晚上睡觉前）带领犬到放有便盆的地方，如果犬能在便盆内大小便，训练者要给犬以爱抚表示或食物奖励。有时犬不一定在这个时间内大小便，也不要紧，待一定时间后再放开它。如果发现犬不在指定的地点大小便，则应在其排完后予以严厉的斥责，让它知道你不喜欢它，然后带它到指定大小便的地方。经过耐心的训练和调教后，犬就能逐渐养成在固定地点大小便的习惯。训练中要注意，便盆不能挪动地方，而且要留一些上次便后的沙土，以便使犬能通过气味找到大小便的地方。另外，犬外出时，有在路边撒尿做标记的习惯，这是犬的天性，要与随地大小便区别开，但在城市街道上，犬的这种习惯也有碍卫生。因此，主人在领犬外出时，一定要带脖圈，用皮带引导。如能训练犬到厕所大小便，则是最理想的。

3. 训练犬摆出优美姿势

主人可利用犬怕跌的心理来训练其摆出良好的姿势，在一块面积较小并高出地面的地方，用小桌或一块垫高的木板进行。首先将犬抱到小桌上，让它的后腿靠近小桌的边缘部分，松开手，犬由于怕跌，便会四肢发软想卧下，在这个时候，主人要一只手托住它的前胸或下巴，另一只手轻轻向后拉犬的尾巴，注意不能只拉尾毛，以免引起疼痛。托着前胸的手也配合着向后推，使犬不能坐下。当犬发觉后脚将失去支撑，再后退就要踏空时，就会本能地把身体向前倾，向上挺起，前肢踏实，脚趾收紧，呈现出一种四肢挺直，昂首挺胸的标准姿势。只要用这种方法重复多次，犬就可学会，以后即使站在平地上，只要拉住狗的尾巴向后牵引，它便会反射性地摆出标准的优美姿势。

4. 作揖

这个动作是在“站立”动作的基础上进行的，训练时主人站在犬的对面，先发出“站”的口令，当犬站稳后，发出“谢谢”的口令，同时一只手抓住犬的前肢，上下摆动。重复几遍以后，给予抚摸和食物奖励。然后与犬拉开一段距离，发口令时，不再用手辅助。如果犬不会做，则可以重复数次，直到犬会做为止。在训练开始的时候，可以加点简单的手势，但要防止犬对手势所产生的条件反射。当动作很稳固以后，主人只要发出“谢谢”的口令，狗就会马上作站立和作揖这一系列活动，而且是一气呵成，无需发两次口令。

小故事

夸张的狗

一只狗对另一只狗很有意见。

这天，那只狗走过时轻轻碰了它一下，也没吱声。

这只狗逢人便说，那只狗把它碰倒了，摔伤了右腿，吭都不吭。

那只狗去质问它。

这只狗说：“若不夸张，怎能当成一件事说呢？”

工作犬的训练

（一）前来

这一训练的目的是使犬在任何情况下，能根据主人的手势和口令，顺利地来到主人左侧坐下。训练时，主人可以先喊狗的名字从而引起狗的注意，然后发出口令“来”，右手做来的手势（右手向前平伸，随即自然放下），同时左手拉训练绳并向后退，以使犬前来，当狗来到主人跟前时，应该给予及时地奖励，这样经过多次训练，狗就可以马上按口令前来。

但需要注意的是，有的狗往往听到口令或看到手势而不来，此时，主人一定要耐心，想法采取一切足以使犬兴奋的动作，如后退、拍手蹲下和向相反方向急跑等，促使它前来，切不能用突然的动作去抓犬或追捉，这样做的话可能会适得其反，从而使训练受到影响。有的狗受到新异刺激后，不但不来，反而到处乱跑。此时，主人应抓住训练绳，并用威胁的口令，右手做前来的姿势，命令狗前来，当狗来到身边时，应及时奖励。

（二）随行

训练的目的是养成犬根据主人的指挥，靠近主人左侧并排前进的能力，并保持在行进中不超前、不落后的正确姿势。训练时，先在清洁平坦的地面，让狗游散一会儿，用手拉住牵引带，喊着狗的名字从而引起其注意，发出口令“靠”的同时，用左手把牵引带向前拉，以较快的步伐前进，每次行走不少于 100 米。当狗出现超前或落后时，立即发出“靠”的口令给予纠正，并拉牵引带 1 次，给犬以刺激。为了形成手势的条件反射，可用右手拉好牵引带，并放长些，当狗一旦脱离正确位置时，在发出“靠”的口令的同时，用左手拍一下自己的左大腿，这样反复多次训练，即可形成条件反射。当犬能不用牵引带而根据口令正确地随行时，可进行变换速度、方向的训练及较复杂环境的训练，当狗受到新异刺激不执行口令时，即可发出威胁音调的口令，并猛拉牵引带以纠正狗的行为。

（三）衔取

衔取训练是比较复杂的一种动作，包括“衔”、“吐”、“来”、“鉴别”等内容，因此，训练时必须分步进行，逐渐形成，不能操之过急。

首先应训练其养成“衔”、“吐”口令的条件反射。训练的方法应根据犬的神经类型及特殊情况分别对待，一般多用诱导和强迫的方法。

在用诱导法训练时，应该选择清静的环境和易引起犬兴奋的物品。主人要右手持该物品，迅速地在狗面前摇晃，从而引起其兴奋，随后把物品抛在1—2米远的地方，立即发出“衔”的口令，当狗到达要衔的物品前时，主人再重复发出“衔”的口令，如果狗衔住了物品，主人应该马上给予“好”的口令和抚摸奖励，让它口衔片刻（30秒钟左右），即发出“吐”的口令，主人接下物品后，应给予食物奖励。反复多次后即可形成条件反射。

有的不听话的狗是必须用强迫法训练的。此时，主人令犬坐于自己的左侧，发出“衔”的口令，右手持物，左手扒开犬嘴，将物品放入犬的口中，再用右手托住犬的下颌。训练初期，在犬衔住几秒钟后即可发出“吐”的口令，将物品取出，并给予奖励。反复训练多次后，即可按口令进行“衔”、“吐”训练。在此基础上，再进行衔取抛出物和送出物品的能力，以至训练犬具有鉴别式和隐蔽式衔取的能力。在训练衔取抛出物时，应结合手势（右手指向所要衔取的物品）进行，当犬衔住物品后，可发出“来”的口令，吐出物品后要给予奖励。如犬衔而不来，主人则应该利用训练绳命令犬前来。

（四）吠叫

主人应该先令犬坐下，把牵引带的一端拴在牢固的物体上，发出“叫”的口令和手势（右手半伸，掌心向下，对着犬做抓握动作3—4次），同时用食物在犬面前引诱，由于食物的刺激会引起犬的兴奋，但又吃不到食物，犬就吠叫。在最初的时候，主人应该在狗吠叫后给食物奖励，以后应逐渐减少，直至完全取消奖励，从而使狗养成只听口令和看手势就可吠叫的要求。

另外，主人也应该注意培养犬在对衔不着或衔不动的物品进行吠叫的能力。

为此，可利用最能引起犬兴奋的物品，放在犬衔不到的地方，命令犬去衔

取，并发出“叫”的口令，如果狗吠叫时，主人要立即给予奖励，并将物品拿出让犬衔取。这样反复多次，就可以培养出狗对衔不着或衔不动的物品进行吠叫的本领了。

（五）安静

训练这一动作时，另一人先以鬼祟的动作接近犬，当狗想要叫时，主人应发出“静”的口令，同时做手势（将右手置于嘴前，伸出食指，与鼻成一直线），并轻击犬嘴，禁止犬叫出来，以保持安静。

（六）禁止

1. 训练犬不捡食的方法

训练时，先将食物放在明显的地方，然后牵犬到此游散，在犬接近食物表现想吃时，立即用威胁语调，发出“非”的口令，并伴以猛拉牵引带的刺激以制止。当犬停止捡食时，主人应该马上给予奖励。这样反复多次，就可以达到目的了。

2. 拒食的训练

训练时，助手自然地接近犬，并给犬食物，当犬要吃食时，主人立即发出“非”的口令，并轻击犬嘴。此时，助手再给犬吃，当犬仍有要吃的表现时，再给予较强的刺激。这时主人发出“叫”的口令，并假打助手，给犬助威，以激起犬的主动防御反应。犬对助手发出吠叫时，助手应趁机逃跑，主人应该马上对犬奖励。也可采取助手将食物扔到犬面前，在犬要扒取或捡食时，主人应立即发出“非”的口令，并猛拉牵引带给予刺激。当犬不捡食时，主人应该马上给予奖励。

3. 禁止衔他人抛出的物品的训练

训练时，先由一名助手将手中的物品抛出，如果狗想去追衔时，主人应立即发出“非”的口令，同时伴以猛拉牵引带加以制止的动作，当狗停止追衔后，主人应该马上给予奖励。接着由另一助手再抛出物品，狗如果还想追衔时，主人应该重复上述方法制止，这样在同一时间内可进行 3—4 次。当狗不再对他人抛出的物品进行追衔时，就可以认为是达到了训练的目的。

（七）跳跃

训练犬的跳跃动作，可从跳30—40厘米高的小板墙开始。主人牵犬从距离小板墙5—6步处，跑到小板墙前时，发出“跳”的口令，同时向小板墙方向拉提牵引带，当狗跳过时，主人要马上给予奖励。这样的训练在同一时间内可重复2—3次。除此之外，也可用食物逗引的方法进行。当这样训练熟练时，可逐步改用口令和手势的方法进行，并逐渐增加高度，或根据需要训练跳跃栅栏、高架、圈环、壕沟等动作。

（八）上下登降

将狗牵至阶梯前，在阶梯各层或最高层平台上放上食品，驯犬员发出“上”的口令后，令狗上队梯，由于食品能激发犬兴奋，从而使其有可能顺利地走上平台。也可在发出“上”的口令后，主人和狗一齐登上阶梯，然后再训练犬单独上、下阶梯。

（九）匍匐

这一动作是在犬已养成“坐”、“卧”的能力后进行的。训练时，主人先命令狗卧下，在发出“匍匐”的口令的同时，做出匍匐的手势（两手前伸，掌心向下，左右手一伸一缩作“拉锯”动作），如犬按要求往前匍匐时，给予奖励。若犬不匍匐而站立时，应立即令其卧下，并用左手压住背部继续指挥犬匍匐，经反复训练多次，即可养成匍匐前进的能力。

第二章
我最关心的问题

在和人类一起生活的岁月中，有一些是我们最关心的问题，这些问题关乎我们的生死，在这章里我将提出几个最重要的问题来和人类朋友探讨。

这些问题多是由于人类的陋习或者个别丧失人性的人所引起的。例如斗狗、虐待狗等。出于气愤，我在这章中的言语可能会有些过于激烈，但我是针对个别人的，我相信大部分的人类朋友对我们都是很好的。

在下面，有我的大声疾呼，但更多的，我会提出一些问题让人类和我们共同思考！以达到引起人类的高度重视。让我们狗族在以后的岁月中和人类和谐相处。

第一节　我们鄙视斗狗的人

在人类的种族中有这样一些人：他们让我们狗族成员之间互相撕咬，结果往往是非死即伤的结局。更有甚者，有些人培养斗狗的方式极为残忍，甚至不惜将辣椒塞进我们狗的肛门里，将可卡因放进我们的鼻子里，饲喂火药激发我们狗类的火爆脾气，在食物中添加类固醇催肥狗的体格，还把猫等动物作为诱饵供其撕咬以激发我们对血腥的嗜好。

看着人类残忍地对待我们狗族，我感到万分悲哀，我们曾经如此忠心地为人类服务，用以报答他们对我们的养育之恩，可是“人心都是肉长的，狗心也是肉长的”，我们狗族感到非常地难过，是主人利用了我们感恩的心，还是商业的社会冲淡了人与狗之间的感情？

据说，斗狗游戏起源于宋代。宋时的皇宫里，这些生性好斗的动物们正好迎合那些战事刚停的文官武将的心态，于是在皇宫开始了他们自己的娱乐——斗狗。那时候这还都是皇亲国戚们喜欢的嗜好，每当斗狗的时候，他们总是乐此不疲地参与其中。在古罗马巨大的斗兽场里，也经常上演兽与兽或者人与兽的生死搏斗。到公元4世纪时，人与兽搏斗的表演遭到禁止，而斗兽的恶习到10世纪时才逐渐消失。

为什么会这样呢？经过一遍遍地反复思索，更经过无数个日日夜夜的感情折磨，我终于明白了其中的原因。

原来随着人类社会逐渐地走向文明，自以为高尚的人类也慢慢地走向了堕落的深渊，他们狂热地追逐金钱而忽略了精神世界，他们一切以商业的利益为中心，在他们的内心深处“金钱就是一切”、“有钱能使鬼推磨”。残忍的人类将快乐建立在了我们狗族的痛苦之上，这样的主人早已没了昔日的恩爱，他们视我们的生命如草芥，他们将我们当成了赚钱的工具，人类的灵魂麻木了，我们也只是他们在繁忙的工作之余的一种血性的休闲玩具罢了。真的是人类丧失了同情心吗？真的是现代文明让人类走向了物质的文明而导致了精神的野蛮吗？真的是物欲高过了感情的重量吗？如此下去，我们狗族的路将何去何从，难道我们真的要面临灭亡的威胁吗？众生平等，我们是狗，可是我们是有灵魂有感情有血有肉的狗。我们感到了世界在摇晃，狗族将面临着重大的抉择。我们如此地钟爱人类，可是我们对他们这种不义的行为却抱以刻骨地憎恨。在灵魂的深处，我们狗族的所有成员在呼唤：人类，请停下你们那残忍的游戏吧！给狗一份生存的空间，给狗一份怜悯、一份爱心吧！

第二节　虐待狗的人是在虐待自己的灵魂

越来越多的虐狗事件出现在人类的日常生活中。据我所知：有一对法国夫妇由于虐待三百三十九只狗而被告上法庭；有人由于受到生存的压力而用虐待狗

的方式来泄愤；有人因为无法走出灵魂的阴影而从虐待狗这种游戏中寻求快感与刺激。

虽然人类中的某些开明人士已认识到了问题的严重性，可是类似的虐狗事件却依然时有发生。从表面上来看，不幸的是我们狗族，可是从本质上来看，不幸的更是可怜而又可悲的人类。正是他们本身的不幸才会导致更大的不幸，我一面在为狗族而难过，另一面我也在怜悯着一个伟大而英明的种族他那高傲的躯体里所掩藏着的灵魂的空虚。

社会在进步，物欲在横流，人类的世界里充满着金钱与权势的争斗，人与人之间的感情也日益地淡漠，这使得有些人一面走向物质的极端，一面却又在精神的世界里迷失了自我。看到了吗？每天都有很多人自杀，每天都有很多人遭遇挫折与失败，每天都有很多人面临公司的倒闭，这一切都使得人类心理的承受力经受着考验，当他们的压力超出了那个心理的极限时，人类就表现出了其残暴的一面。人对人的暴力是要付法律责任的，可是人对动物的暴力在很多人看来是可以为所欲为的。于是，才有了虐狗的事件。

在这样的悲剧里，我们狗族承受着肉体的伤害，而人类更多地经受的是感情的折磨。他们以我们的痛苦为快乐，其实，在他们那虐待动物的快感里真正痛苦的是他们自己。被痛苦麻木了的灵魂，被冷漠侵蚀了的心，我们狗族更多地是抱以无限地怜悯。在此，我们狗族不是在猎取人类的同情，同情是多么地卑微与渺小，又是多么地廉价，我们只是在找寻温暖的怀抱，我们只是在呼唤“理解万岁”，我们只是在向往遥远年代里那“老吾老，以及人之老；幼吾幼，以及人之幼”的美好情景，我们只是在物欲的世界里为人类争取着自由的灵魂与真诚的感情。

有时，我们狗族会在内心深处思考着：究竟我们是人类的伴侣还是人类的玩物。当然，我们狗也有虚荣的时候，我们是多么地渴望自己会成为人类生命里的一部分。可能对于这样的询问是不会有一个肯定的答案的，是伴侣还是玩物，也许更多地取决于个人的爱好。对于一个心态正常的人而言，对于一个心怀悲悯的人来说，就算是一件没有生命的物体，他一样不会随意去破坏，他一样会像对待有生命的物体一样以一颗多情的心来精心爱护；相反，对一个心态不正常的人，连朋友也会伤害，连老婆也会虐待，又怎么会去善待一个小动物呢?

第三节　杀狗的人将受到“狗法律”的审判

据人类的某报载：某日，一个摩登少女踢死了一只美丽可爱的狗，满地血腥。

看着这样的报道，我伤心地流下了眼泪，我们狗族的命运真的如此悲惨吗?为什么要用这样的方式来对待我们呢？捧着报纸的手在颤抖着，我仿佛看到了那只惨遭不幸的同伴，在另一个世界里痛苦地哭泣，他满怀悲伤的眼神，他那发自内心深处的那份孤独深深地感染了我。那只狗用深情的声音诉说着一个关于人狗之间的爱恨情仇的悲情故事：我本只是一只普通而平凡的狗，在一户穷人家里享受着快乐的平民生活。可是，有一天，我的主人在路过穷人家时，无意间匆匆的一瞥，在那一刻她便恋上了我，因为我是一只相貌美丽的狗，她花了不少的钱为我赎身，一下子，我就从贫穷的底端，进入到了富贵的天堂。于是，在我的身边，总是围绕着无数的名门贵族，大家富豪，他们为搏得我的欢心，总愿意付出手中的美食，就这样，我成了“集万千宠爱于一身的狗”。然而，世事总难料，有一天，主人黯然伤神地回到家中，她趴在沙发上使劲地哭泣着，我心想：是不是失恋了！我轻轻地走过去，本来是想安慰安慰她，可是当我刚一接近她，她就像疯子似的用她那双无比坚硬的高跟鞋狠狠地踢我，出于本能的反抗，我咬伤了她，当我看到她那怒不可遏的表情时，我害怕极了。她气愤地跑了出去，过了一会儿，就找来了几个面目凶狠的家伙，他们狠命地举起利刀，我的性命就这样没了。此时此刻，我正游荡在地狱里，不知我的魂将归往何处，我忧伤，我伤感，爱我、宠我的人，竟是夺去我生命的人，这是怎样刻骨的痛，怎样无法忘却的疼，我的灵魂在这里得不到安息，因为我始终不明白我的主人为何如此地喜怒无常，如此让人难以揣摸。

听着这只狗的述说，我不禁思索，人与狗为何会有着如此微妙难解的关系，人与狗为何如此地相爱，又如此地仇视呢？为什么作为万物生灵中最富有爱心的

人类，他们给了狗最最温暖的爱，为什么又用自己的双手毁灭心爱的东西呢？我不解，我不知道用怎样的语言，怎样的思想来表达我的心情。所谓众生平等，每一个生灵都有着自己的生存空间，为何狗族的命运竟是如此地充满了戏剧性，如此地大起大落呢？世俗的人类，我们是狗，我们真的只是这大千世界里很卑微的生命，可是我们也有生命，我们也有着自己的感情，难道我们如此忠诚地与人类相伴，都无法得到同样的回报吗？在你们最困难、最无助、最寂寞时，是我们不离不弃地陪伴着你们走在风雨人生里的每一步，是我们在你们最危急的那一刻，拼却性命来保卫着你们的生命，可是我就是不明白，为何你们视我们狗族的生命如草芥，为何你们对我们狗族的感情视而不见呢？还有，难道你们忘记了昔日人狗之间的那份情吗？自古以来，人类就是重情重义的种族，为何在狗面前就显得如此地无情，为何人类的热爱是如此地善变呢？知道吗？我们是多么地渴望有一份稳定的感情，有一个温暖的家。曾经人类似乎给予了我们梦想的东西，可是美丽的梦却是这般的虚无，这般地转瞬即逝。

第四节 打狗者——请放下你的棍棒

最近，打狗队又在向狗族伸出黑手了！看来，狗族的命运又在面临着一个重大的转折了，到底我们的未来会如何呢？

只见街头有一群穿着制服的工作人员，正在用棍子抽打一只可怜的流浪狗，那只狗拼命地挣扎着，可是它却难逃被捕的命运！毕竟，人类的智慧是如此地高超，狗族只能自叹不如了！那只流浪狗以乞求的眼神看着那一群可恶的人类，可是人类却无动于衷，原来人类竟是如此的伪善，曾经的关爱只是逢场做戏罢了。

聪明而狡猾的人类却振振有词地说，打狗是为了人类的健康，是为了预防狂犬病，更有大口号是为了珍重人类的生命与安全。看着这样的人类，听着这样的说辞，狗族的言语是如此地笨拙，如此地苍白与无力，怎赶得上智慧超群的人类语言呢？

我拖着沉重地脚步，行走在狗族的宫殿里，可是我的心事又有谁能理解呢？在我的眼前，总是浮现出那一群打狗人员那一副副可憎可恨的面孔，他们像土匪一样，只要一看到没有挂牌的狗，就拿出棍棒狠命地打去。在他们的眼里，狗就是没有灵魂的牲畜，没有感情，也不会觉得痛苦。这一幕幕、这一幅幅的情景，是多么地让我们狗族寒心，再这样下去真的会影响人与狗之间的感情，再这样下去的话，狗族也许真的要面临种族危机了。人类一直自诩为最富有爱心、最民主的种族，可是他们的爱心哪里去了？他们的民主又在哪里呢？那粗野的棍棒，那无情的捕杀，将人类所有美好的形象一一抹上了黑暗的阴影，将我们狗族对人类最美好的回忆最真诚的感恩也抹得所剩无几。

我们是可爱而又可怜的狗儿，有时候只是因为我们的主人生活艰难，而无法付得起办狗证的费用，难道仅仅因为这个我们就应该受到不公正的对待吗？看着饱经沧桑的主人，望着那一幅幅凶残的面孔，我唯有感慨世事沧桑，人情无常了！瞅着，不远处那位青春亮丽的小姐抱着一个漂亮的同类时，流浪狗只能感伤：原来狗也有高低贵贱之分！

我正难过地思索着，突然无意中飞来了一份报纸，我翻来一看，顿时眼前一亮，原来，人类世界里还是有英明人士的，一些人在为停止“打狗”而努力着，他们通过各种方式在向政府表达着自己最美好的意愿，世界最最美丽的女人为了我们流浪的狗族倾尽了所有的爱心，她为了我们舍弃了几十年的婚姻，她为了我们居无定所，衣服破烂，看着她那苍老的容颜，我的内心有着无穷无尽的感动。我为狗族的幸运而感到欣喜，有着这么多热爱狗的人为我们狗族的命运而奔走着，有着这样一位伟大的女人，在为我们付出了自己的热爱！

终于，人类清醒了，他们已经意识到了我们狗族也是有着生命的精灵，漠视我们的生命与痛苦那是多么大的错误。我们的呼吁，我们的深情，最终还是唤起了人类隐藏在灵魂深处最美好的记忆。

其实，我们狗族并不是像人类所想象的那样到处随意咬人，误伤自己的“恩人”，给他们带来不幸真的只是个意外。本来，我们只是出于亲近的目的，扑向人类的怀中一表我们的热爱，可是聪明的人类此时如此地愚昧，他们误以为我们有着不轨的企图，就匆忙地对我施以暴力，此时此刻，面对着外族的侵犯，我们总是表现出最为英勇的一面，于是，才有了“狗咬人”的失误。那一时，那一刻，我们狗族完全处于一种本能的自我保护状态，忘却了人狗之间那段最动人的感情。当我们回过神来，看到被我们所伤害的人类时，我们的心都快要碎了，伤害我们最深爱的人类是我们多么不愿意做的事啊，人类的伤痛一丝一毫地传递在我们的身上，知道吗？在那一刹那，我们是多么地想用自己的生命换来人类的生存，我们是多么想用自己的身体来承受人类所受的痛苦。

第五节 人有人权狗有狗权

人类有生存的权力，那么我们狗族有吗？人类是因为有了生命才有了生存的权力，那么我们也是有生命的动物，可是我们的狗权又在何处呢？

看了太多关于狗族的报道，大多都是斗狗、打狗、虐狗、杀狗的事件。人类口口声声地宣称所作所为都是为了人类的健康，为了人类更好地生活。我一听，那简直是世上最冠冕堂皇的话，人类有自己的健康，难道狗族没有吗？人类有自己的生活，难道狗族没有吗？为什么要将自己的幸福建立在我们的痛苦之上呢？为什么视我们狗族的命运如草芥呢？难道昔日里的恩爱对人类来说就是如此地健忘吗？

知道吗？我们狗族是多么有耐性的种族，母亲给予了我们生命，人类给了我们生存下去的条件，可是，我们在人类的生活中究竟扮演着什么样的角色呢？到底是朋友还是敌人？至今，我都不明白，是人类欺骗了我们的感情，还是我们和人类的感情本来就如此，只是天真的狗儿抱着太多美好的幻想罢了。

我们曾经是如此地仰慕人类的智慧，他们确实有着伟大的神力，从原始社会，到奴隶社会，再到封建社会、社会主义社会，人类那通天的本领可是发挥得淋漓尽致。然而，正是因为人类有了如此聪明的头脑，才使得狗族的命运受到了威胁，人类聪明到可以控制别的物种的生命，聪明到可以毁灭和其他物种共用的地球。我们狗族的命运完全掌控在人类的手中，他们的一喜一怒都关系着狗族的存与亡。当人与狗的利益发生冲突时，总有精明的人出来拿出人权的旗子：人权高于狗权。然而，上帝说过，当他创造世界的时候，万物都是平等的，每一个有生命的东西都有着自己的生存空间。智慧的人类，难道是你们遗忘了上帝的规则

吗？还是太聪明的你们也在嘲弄着上帝的神权呢？

不远处，打狗的悲剧正在上演着，人类美其名曰："打狗是为了人权！"真是可恶，打狗是为了人权，好一句自私自利的话，人权得到了保障，谁来为我们狗族的权利作保障呢？难道千千万万个无辜的狗族子民就应该承受不幸的命运吗？更有居心不良的政府官员，为了向上级邀功请赏竟要成立所谓的打狗队，这是在为城市的环境建设安全献上一份力量，建立一个和谐的社会？还是为自己的政治生涯中添上浓重的一笔政绩？在我们狗族看来，这是用我们的鲜血来染自己的官帽子，用我们的痛苦来煮他们欢庆宴上的美酒。我们虽然是狗，可是我们有着忠诚的灵魂，而人类虽然贵为人类，但是他们的灵魂却是这般的丑恶，而且又是这般的虚伪。人类是什么呢？我在黑暗的角落里问自己。人类是高级动物，他们有着我们狗族无以伦比的智慧，可有时是邪恶的智慧，更助长了他们为了目的而不择手段。只要做到街上没有狗粪，只要能够阻止狗咬人，手段血腥不血腥，场面残忍不残忍，方法人道不人道，都无关紧要。生命如果妨碍了目的的实现，那也是不值得尊重的。他们如此地强大，然而正因为太强大才会对我们狗族为所欲为。世界真是不公平，强者的权力是无限的，弱者则没有任何权利，恃强凌弱是理所当然的。只要你自己的力量强大到了确信对方不可能报复和反抗，那你就可以任意剥夺对方所有的一切，包括生命。而且人类信奉的是"暴力是解决问题的最有效率的方式。只要有足够强大的暴力，就可以建立起自己想要的任何秩序；任何对这个秩序提出挑战的行为，都可以直接用暴力予以摆平。"

随着时光的流逝，狗族终于有了出头之日。一些爱狗的善良人士在为狗权而努力着。他们的奋斗换来狗族命运的转机。为了维护狗的合法权益，法国就成立了"动物保护协会"，由法国国民议会议员充任主席。法国著名影星碧姬·芭铎息影后，就一直从事动物保护工作。芭铎今日宠狗的名声，远远胜过影星的当年。中国的人权与狗权的斗争还在继续着，不过狗权已经在一定程度上得到了承认，狗的生命也渐渐地唤起了人类的怜悯。这一切都是值得庆幸的，毕竟狗族也有了自己在人类生活里的一片精神家园！

第六节　我们狗狗也需要谈恋爱

看着人间男女那副恩爱的样子，我们狗族可是羡慕极了。在人类的眼里，我们也许是他们永远相依为命的伴侣，可是我们却只是动物，是不能有人的感情的。然而，在与人类相处的过程中，我们狗族也有了“人性”。在寂寞、孤单时，我们也是多么地希望有个伴侣在身边，有个可爱的狗儿陪我走过“人生”的冬天。

人类给了我们温暖的家园，可是他们真的理解我们狗族吗？在物质得到满足之后，更多地是对精神的追寻，人类如此，我们狗族也是如此。人类世界里“哪个少男少女不怀春”，在狗族中，又是“哪个狗不向往有段美好的爱情”呢？

记得，那次我们狗族的一个成员受到了主人前所未有的虐待，他是多么地渴望有个心爱的狗来相伴。在无边的黑暗里，这只不幸的同类发出悲哀的哭泣：为何我如此的孤单，为何我如此的无助！这时，一只流浪的狗从他的家门前经过，也许是出于“同病相怜”的心理，两个同样不幸的狗摇着尾巴、亲吻着，紧紧地拥抱在了一起，他们的眼睛里流出了理解的泪水。看着这样的场面，人类还会说狗没有感情吗？

还有一个让人心动的故事：我们狗族中的一只非常凶狠的狗，平日时总是摆出一副唯我独尊的样子，可是当一个美丽的吉娃娃走入了它的世界里时，它心动了：原来，我们狗族还有如此美丽的精灵。于是，它温柔地靠近自己的心上人，原本凶悍的性情也有了改变。这个时候，喜欢独处的它在不知不觉中也向往着外面的世界，它是多么地想再去看看那只可爱而美丽的吉娃娃。当它被主人关在屋里时，它总是表现出焦急的心情，当主人温柔地抚摸着它时，它又是多么的温驯。哇，这就是爱情的力量哟！

看到了吧，我们狗族也是一个多情的种族。人类会为爱情“赴汤蹈火，再所不惜”，可是我们狗族一样会为钟情的心上人倾注生命里的一切。只是我们狗族表达感情的方式与人类有所不同罢了。人类有人类的语言，狗族有狗族的语言，在恋爱的季节里，人类陶醉在幸福里，可是我们狗族却是多么地寂寞啊！

第七节　不要和狗亲密接触

我们狗族是人类的忠实伴侣，可是由于我们自身的天性也往往会给人类带一些不幸。

我们是多么地渴望着主人的恩宠，可是我们又怎么忍心看着他们充满痛苦的表情呢？曾有报道：10岁女孩文文竟然患上“妇科病”，使她患上尿路感染的元凶竟然是她家里饲养的一条宠物“蝴蝶犬”。原来文文每天和“蝴蝶犬”睡在同一张床上，甚至连洗澡都一起泡在浴缸里。不管父母怎么反对，文文还是每天和宠物“亲密接触”。看着这样的不幸，我流下了伤感的眼泪，是为了那个出于对我们狗族的热爱而又被我们无意伤害的女孩。我不禁扪心自问，上苍给了我们狗族真诚的热爱，可是为什么我们如此地福薄难以消受呢？难道人类对我们的“万千宠爱”都会为自己带来灾难吗？难道我们狗族真的是“红颜祸水”吗？

此时此刻，又有人遭遇到了我们狗族带来的不幸。一名年轻的姑娘患上了狂犬病，这就意味着她可能有失去生命的危险。我们狗族的灵魂震惊了，这真的是我们的错吗？翻开医学书，我仔细地琢磨着，并试图通过我们狗族的智慧来解救深爱我们的人类。

所谓的狂犬病又名恐水病，是由狂犬病病毒导致的人畜共患的急性传染病。多见于犬、猫等动物，人类多因被病兽咬伤而感染，亦可由带毒唾液污染伤口、黏膜甚至结膜而引起感染。不幸的是，人类对狂犬病病毒普遍易感，被病犬咬伤而未预防接种狂犬病疫苗者，其发病率平均为15%—20%，有些地方可高达70%。

这一切都源于我们狗族的身上带有狂犬病病毒，而且病毒在动物体内都有其归宿性，狂犬病病毒就存在于动物的唾液腺里，如果人与我们狗族同吃同住同睡，与我们过分亲热，如亲吻、舔人等，或者不幸遇上我们狗族的某些成员情绪失控而被咬伤，就会感染病毒。但是，感染病毒并不意味着就一定会发病，如果感染的病毒量不大、毒力不强，而且被咬者身体的免疫力很强，就可能不发病，而成为隐性感染者。

可是，让我们感到遗憾的是，狂犬病病毒的毒力非常强，更可怕的是它具有嗜神经性，主要攻击人类的大脑和神经组织，而且沿着人体神经的走向游走，所以攻击的目标就扩散到几乎所有的神经组织，包括小脑、脊椎、肾、内脏，最后导致中枢神经衰竭。如果不幸患上了狂犬病，那么几乎无法抢救，死亡率相当高，几乎是100%。

其实，狂犬病的诊断并不难，只要具备以下3个条件即可诊断。第一，病前有被病犬、猫、狼等咬伤或抓伤史；或被病兽唾液接触破损皮肤、黏膜史。第二，被咬伤部位先出现痛、痒、麻木、如蚁爬样感等，随之出现恐水、怕风、兴奋、流涎、发作性肌痉挛等表现，最后出现呼吸、循环衰竭而死亡。病程一般不超过7天。第三、患者的唾液、脑脊液接种分离病毒阳性并经中和试验鉴定可确诊。

让我们狗族稍稍感到欣慰的是，预防狂犬病发生的途径很简单，那就是给我们狗族的成员注射狂犬疫苗。目前疫苗的安全性很稳定，而且免疫能力相当不错，只要主动地进行全程免疫，就能够预防狂犬病的发生。

第三章
狗的疾病及治疗

狗也有着自己的生老病死，可是人类有没有注意到狗狗的痛苦呢？一只生病的狗狗正在找寻着人类关爱的目光，它是多么地渴望人类也会有一句温暖的问候呢？人类一定非常地好奇，狗族都有着什么样的疾病，又如何治疗与预防呢？不用急，也无须太愧疚，狗王汪汪来帮你弥补心中的那份歉意。下面，就由狗王汪汪来向你介绍一下关于犬瘟热，犬副伤寒，犬钩虫病，皮肤真菌病，以及感冒，脱毛，产后搐搦症的知识吧！

犬瘟热

犬瘟热的主要危害对象为幼犬。其病原体是犬瘟热病毒。病犬以呈现双相热型、鼻炎、严重的消化道障碍和呼吸道炎症等为特征，这种病的后期常会出现神经症状。

病犬的各种分泌物、排泄物（鼻汁、唾液、泪液、心包液、胸水、腹水及尿液）以及血液、脑脊髓液、淋巴结、肝、脾、脊髓等脏器内都含有大量病毒，并可随呼吸道分泌物及尿液向外界排毒。一般是健康犬与病犬直接接触或通过污染的空气或食物而经呼吸道或消化道感染的。

诊断要点：

（1）流行特点

本病在寒冷季节多发，特别多见于犬类比较集聚的单位或地区。一旦犬群发生本病，除非是在绝对隔离条件下，否则其他幼犬是很难避免感染的。哺乳仔犬由于可从母乳中获得抗体，所以很少发病。通常以3月龄至1岁的幼犬最易感染此病。

（2）临床特征

体温呈双相热型（即病初体温升高达40℃左右，持续1—2天后降至正常，经2—3天后，体温再次升高）；第二次体温升高时（少数病例此时死亡）出现呼吸道症状，病犬咳嗽，打喷嚏，流浆液性至脓性鼻汁，鼻镜干燥；眼睑肿胀，化脓性结膜炎，后期常可发生角膜溃疡；下腹部和股内侧皮肤上有米粒大红点、水肿和化脓性丘疹；常发呕吐；初便秘，不久下痢，粪便恶臭，有的时候混有血液和气泡。少数病例可见足掌和鼻翼皮肤角化过度性病变。有的病犬，病初就出现神经症状，有的在病后7—10天才呈现神经症状。轻者口唇、眼睑局部抽动，重则流涎空嚼，或转圈、冲撞，或口吐白沫，牙关紧闭，倒地抽搐，呈现出癫痫的样子，持续数秒至数分钟不等，发作次数也由每天数次到十多次。此种病犬大多预后不良，有的只是局部性抽搐或一肢、两肢及整个后躯的抽搐麻痹、共济失调等神经症状，此类病犬就算痊愈了，也会留有后躯无力等后遗症。由于本病常与犬传染性肝炎等病混合感染及继发感染细菌，这就使得症状表现得复杂化。因此，单凭上述症状只可能做出初步诊断，最后确诊还须采取病料（眼结膜、膀胱、胃、肺、气管及大脑、血清）送往检验单位，做病毒分离、中和试验等特异性检查。

防治措施：

（1）定期预防接种

目前我国生产的犬瘟热疫苗是细胞培养弱毒疫苗。为了提高免疫效果，应按以下免疫程序接种。

仔犬6周龄时为首次免疫时间，8周龄进行第二次免疫，10周龄进行第三次免疫。以后每年免疫 1 次，每次的免疫剂量为 2 毫升，可获得一定的免疫效果。鉴于疫苗接种后需经一定时间（7—10 天）才能产生良好的免疫效果，而目前犬瘟热的流行比较普遍，有些犬在免疫接种前就已经感染上了犬瘟热病毒，但未呈现临床症状，当在某些应激因素（生活条件的改变、长途运输等）的影响下，仍可激发呈现临床症状而发病，这就是某些犬在免疫接种后仍然发生犬瘟热等疫病的重要原因之一。为了提高免疫效果，减少感染率，在购买仔犬时，最好先给仔犬接种犬五联高免血清 4—5 毫升，1 周后再注 1 次，2 周后再按上述免疫程序接种犬五联疫苗，这样不仅安全可靠，而且可减少发病率。

（2）加强兽医卫生防疫措施

在这种病流行期间，各养殖场应尽量做到自繁自养，严禁将场外的犬带到场内。

（3）及时隔离治疗

及时发现病犬，早期隔离治疗，预防继发感染，这是提高治愈率，减少死亡率的关键。病的初期可肌肉或皮下注射抗犬瘟热高免血清（或犬五联高免血清）或本病康复犬血清（或全血）。血清的用量应根据病情及犬体大小而定，通常使用 5—10 毫升 / 次，连续使用 3—5 天，可获一定疗效。有资料报道，在用高免血清治疗的同时，配合应用抗毒灵冻干粉针剂，可提高治疗效果，其用法及用量为：治疗前用灭菌生理盐水或注射用水 20 毫升将抗毒灵溶解，中等犬的犬静脉滴注 2—4 瓶，月龄较小的犬，用量可酌减。在病的初期应用犬病康注射液治疗，具有较好的疗效，尤其在与高免血清同时使用时，其疗效都要比单用的好。犬病康的用法及用量为（0.1—0.3）毫升 / 千克体重，肌内注射，（1—2）次 / 日，重危病例可酌情加量。此外，早期应用抗生素（如青霉素、链霉素等）并配合对症治疗，对于防止细菌继发感染和病犬康复均有重要意义。

（4）加强消毒

对犬舍、运动场的消毒应该用各种消毒药，如百毒杀、1210、威岛牌消毒剂、次氯酸钠等，主人要千万记住消毒时可一定要消得彻底。

犬副伤寒

病原：

本病是犬的一种急性细菌性疾病，又称沙门氏杆菌病。它的临床症状主要表现为败血症和肠炎。病原体为沙门氏杆菌，它包括有2000多个血清型。而从犬体内分离到的有40多个血清型，其中能引起犬临床发病的最常见的菌型是鼠伤寒沙门氏杆菌。健康畜禽的带菌现象相当普遍，特别是鼠伤寒沙门氏菌，经常潜藏于消化道、淋巴组织和胆囊内，当某种诱因使机体抵抗力降低时，菌体即可增殖而发生内源传染，连续通过易感动物后，毒力增强，便引起该病的扩大传播。在此种情况下消化道感染是主要的传播途径。

诊断要点：

（1）临床特征

病犬突发急性胃肠炎，表现高热、厌食、呕吐和腹泻，排水样和粘液样粪便，重症的可排血便。体质迅速衰竭，粘膜苍白，最后因脱水、休克而死。幼龄犬常发生菌血症和内毒素血症，此时狗表现出来的症状是体温降低，全身虚弱及毛细血管充盈不良。

（2）实验室检验

引起狗高热、厌食、呕吐和腹泻的原因是很多的，而且健康畜禽带有沙门氏菌的现象也是较普遍的，所以说，只凭临床诊断是难以最后确诊的。对具有上述临床表现的犬，应采送病死犬的脾、肠系膜淋巴结、肝、胆汁等病料做细菌学检查。只有从病料中发现有致病性的沙门氏菌，再结合上述临床表现才可最后确诊。

防治措施：

第一，严禁给狗吃病死动物的肉。最好的方法是用煮热的肉、蛋、乳类喂狗。

第二，对饲养管理用具要经常进行清洗消毒，注意灭鼠灭蝇。

第三，发现病犬要做到及时隔离治疗，专犬管理，严禁病犬与健康犬接触。对病犬舍、运动场、食具应以2%—3%烧碱溶液、10%漂白粉乳剂、5%氨水等消毒液消毒。尸体要深埋，严禁食用，以防感染。对病犬可用抗生素治疗。氯霉素有较好的疗效，用量0.02克/千克体重·次，每日2—4次，连用4—6天。呋喃唑酮，0.01克/千克体重，分2—3次内服，连用5—7天。磺胺类药物也有很好的疗效，如磺胺嘧啶（SD），首次量为0.14克/千克体重，维持量为0.07克/千克体重·次1日两次，连用1周；应用增效新诺明，0.02—0.025克/千克体重·次，1日两次。也可使用大蒜内服。即取大蒜5—25克捣成蒜泥后内服，或制成大蒜酊后内服，每日3次，连服3—4天。此外，适当配合输液，维护心脏功能，清肠制酵，保护胃肠粘膜等对症治疗。

犬钩虫病

钩虫病是钩虫寄生于犬、猫小肠引起的以贫血、消化紊乱和营养不良为主要症状的寄生虫病。

病原：

此病的病原有很多，感染犬的钩虫有犬钩虫、巴西钩虫、锡兰钩虫和狭头钩虫等，但最为常见的是犬钩虫和狭头钩虫。

犬钩虫为黄色，呈线状，头端稍向背侧弯曲，口囊很发达，口囊前缘腹面两侧有3对锐利的钩状齿。雄虫长10—12毫米，雌虫长14—16毫米。虫卵为浅褐色，呈钝椭圆形，大小为（56—75）微米×（37—47）微米，新排出来的含有8个卵细胞。

狭头钩虫为淡黄白色，两端稍细，口弯曲向背面，口囊发达，前腹缘两侧有一片半月状切板。雄虫长5—8.5毫米，雌虫长7—10毫米，虫卵形状与钩虫相似，大小为（65—80）微米×（40—50）微米。

生活史及流行病学：

虫卵随粪便排出体外后，在适当的条件下（20℃—30℃），经12—30小时孵

化出幼虫，幼虫再经 1 周左右蜕化为感染性幼虫。犬、猫吞食感染性幼虫进入体内，停在肠内，逐渐发育至成虫。具有感染性的幼虫还可穿过皮肤、粘膜进入犬、猫外周血管，随血液循环到达心、肺，再沿着支气管、气管和咽喉移行至口腔，再咽下，最后停在肠内，发育为成虫。犬通常经口感染或经皮肤和口腔粘膜而感染，也可经胎盘和乳汁感染。

症状：

消瘦、衰弱、贫血、结膜苍白，排带有腐臭气味黏液性血便，呈柏油状，经皮肤感染的会发生皮炎。轻度感染的犬不表现临床症状。

诊断与鉴别诊断：

根据临床症状进行初诊。检查粪便，发现钩虫虫卵即可确诊。

治疗：

对症状轻的可直接用下列药物驱虫：

1. 盐酸左旋咪唑 10 毫克 / 千克体重，口服。

2. 丙硫苯咪唑 50 毫克 / 千克体重，口服，连用 3 日。

3. 甲苯咪唑 50 毫克 / 千克体重，皮下注射。

4. 阿苯达唑（安乐士）100 毫克，每日 2 次，连用 3 日。

5. 盐酸丁咪唑 0.22 毫升 / 千克体重，皮下注射。

6. 伊维菌素或阿维菌素 0.25 毫克 / 千克体重，皮下注射。对贫血严重的犬必须输血、输液，待症状缓和后再驱虫。

皮肤真菌病

皮肤真菌病或称表面真菌病，是指真菌侵染表皮及其附属构造（毛、角、爪）的真菌疾病。病原真菌的种类很多，但引起犬皮肤真菌病的主要是犬小孢子菌。有时也可分离到须毛癣菌、疣状毛癣菌和石膏状小孢子菌。皮肤真菌对外界因素的抵抗力极强，特别是对干燥的抵抗力更强。在日光照射下，皮肤真菌可存活数月之久，附着在犬舍器具、桩柱等上面的皮屑中的真菌，甚至经过5年仍可保持其感染力。但在垫草和土壤里的真菌，可被其他生物因素所消灭，只有较幼年的石膏状小抱子菌、须毛癣菌等才能在土壤中繁殖。

皮肤真菌病的传播主要是通过动物间的互相接触，或通过污染的物体来传播的。在养犬数量较多且较密集的情况下，也可通过空气传播。体外寄生虫，如虱、蚤、蝇、螨等在传播上也有重要意义。此外，大、小家鼠对须毛癣菌病的传播，土壤对石膏状小抱子菌病的传播上都起一定作用。

诊断要点：

（1）流行特点

病的发生及其危害的程度，常取决于个体的素质。幼犬和体质较差的犬，其症状明显且较严重。

（2）临床特征

主要在头、颈和四肢的皮肤上发生圆形断毛的秃斑，上面覆以灰色鳞屑，严重的时候，许多癣斑就会连成一片，而且病程较长。对于典型病例，根据临床症状即可确诊。轻症病例，症状不明显，则须采取病料，即自病健交界处用外科刀或镊子刮取一些毛根和鳞屑，做显微镜检查。

防治措施：

第一，搞好犬皮肤的清洁卫生，经常检查被毛有无癣斑和鳞屑。

第二，加强对犬的管理，避免与病犬接触。

第三，发现病犬要及时进行隔离治疗。灰黄霉素（25—50）毫克／千克体重，分2—3次内服，连服3—5周，对本病有很好的疗效。在用全身疗法的同时，患部剪毛，涂制霉菌素或多聚醛制霉菌素钠软膏，可以使得患犬在2—4周内痊愈。

第四，在治疗的同时，应特别注意犬舍器具、拴犬的桩柱等的消毒。2%—3%氢氧化钠溶液、5%—10%漂白粉溶液、1%过氧乙酸、0.5%洗必泰溶液等，都有很好的杀灭真菌的效果，可选用。

如何判断犬是否感冒

感冒一般多发于早春、晚秋和气候变化骤然的时候。病因多数是由于突然遭受冷刺激，如冬季遇贼风侵袭、寒冷季节露宿、被雨淋、给犬洗澡后没有及时将毛吹干等情况。

犬患感冒的主要症状表现在：病犬精神沉郁，食欲减退或废绝，眼结膜潮红，眼睛羞明流泪。有咳嗽现象，鼻涕呈脓液状，呼吸加快，体温升高，恶寒战栗，如果不给予及时治疗则有可能并发气管炎、支气管炎等其他疾病。还有流感，它是由病毒引起的，呈流行性发生，主要表现为发高热。除具有感冒症状外，常伴发结膜炎和肠卡他。许多传染病的早期症状就是和感冒的症状是很相像的。如犬温热的早期症状，细小病毒病的早期症状等，在临床上主要表现为体温升高、打喷嚏、羞明流泪、流水样鼻液等症状。由于经验不足，部分主人容易将常见的几中严重传染病当作感冒来进行治疗，因此而造成误诊和错误治疗，以致引起犬死亡的严重后果。假感冒一般在传染病的初期是比较常见的，而实际上还有另外的特殊症状。当犬感染了犬温热病毒而发病时，它的体温一般是双向热，体温时高时低，大多数病犬有生眼屎的症状出现。而细小病毒的早期，则主要伴有呕吐、腹泻等主要症状，并且一般是先吐后泻。只要主人能够认真观察，还是可以进行分辨和判断的。

犬感冒的症状与治疗：

［症状］

精神沉郁、眼睛半闭，羞明流泪、结膜充血红肿，鼻腔流浆液性鼻液、打喷嚏、体温升高 39 度以上、呼吸快，有时有咳嗽，食欲减少。幼犬发病时，如没有做过免疫、抵抗力降低，易继发其他传染病。单纯性感冒，如果能得到及时治疗，就可很快治愈。但是，如果治疗不及时，幼犬可继发支气管肺炎。

［治疗］

（1）柴胡注射液（1—2）毫升，肌肉注射，2 次 / 日。

（2）青霉素 5 万单位 / 千克体重，肌肉注射，2 次 / 日。

［预防］加强饲养管理，防止寒冷刺激。

宠物犬脱毛的原因与防治

宠物犬脱毛是指局部或全身被毛发生病理性脱落，往往伴有其他的症状。脱毛不仅会影响犬的美观，而且还可能会将疾病传播给主人。

引起脱毛的原因及表现：

1. 疥螨病：由疥螨或蠕形螨引起。疥螨主要发生于头部（鼻梁、眼眶、耳廓及其根部），有时也发生于前胸、腹下、腋窝、大腿内侧和尾侧，甚至蔓延至全身。皮肤表面潮红，有疹状小结，皮下组织增厚，患部皮肤由于经常搔抓、摩擦、啃咬而脱毛。蠕形螨主要在眼周围形成不大的脱毛斑，有的可以扩展到全身。皮肤患部增厚呈鳞屑状，有的可能会发展成小脓包或化脓性皮炎。

2. 虱病：是由于虱子的寄生引起的瘙痒和皮肤刺激，从而导致搔抓、摩擦和啃咬，患部被毛粗糙无光泽，易折断和脱落。特别是毛虱的寄生可以引起犬大量脱毛，在犬经常活动的场所可以发现大量脱落的被毛。

3. 钩虫病：患病犬消瘦，结膜苍白，被毛粗乱无光泽易折断脱落，背部常出现大小不等的脱毛斑，露出皮肤，皮肤上出现丘疹或痂皮。病犬一般表现为食欲不振，呕吐，异嗜，下痢和便秘交替出现，粪便带血或呈黑色，有腐臭气味。

4. 秃毛癣：主要是由犬的小孢子菌和发癣菌属引起的真菌病。该病的病程较长，在皮肤上出现圆形或不规则的秃斑，覆以灰白色鳞屑，以头、颈和四肢较为常见，严重的时候可以连成一片，波及体表大部分。有时还伴有皮炎、丘疹或脓包。

5. 雌激素分泌紊乱：这种情形多见于成年未绝育的母犬，表现为雌激素分泌过剩，患犬全身瘙痒，脱毛（一般脱毛呈对称性），皮肤色素沉着。有的病犬阴门肿胀，流血样分泌物，表现为持续发情症状。

6. 犬黑色棘皮症：病因目前尚不明确，多数认为与犬体内的激素分泌紊乱有关，以老弱病犬多发，皮肤症状与雌激素分泌紊乱相似，以对称性脱毛、色素沉着、皮肤增厚为主要症状，同时皮肤有油脂样渗出，但无瘙痒症状。

7. 维生素缺乏：如果犬的体内缺乏维生素 B 也会引起脱毛现象，同时还会伴有消瘦，厌食，全身无力，视力减退或丧失等症状。

鉴别诊断：

以上几种疾病除了出现脱毛外，均有其特征性的症状可以进行相互区分。患虱病的犬很容易从患处的毛根处发现活虱和虱卵；如果是疥螨病，则可用显微镜从患处与健康皮肤交界处的皮屑中发现疥螨；钩虫感染除了脱毛外，还会伴有明显的消化道症状；秃毛癣的脱毛斑大多数呈圆形或不规则，且表面覆以灰色鳞屑，显微镜下可以发现它的菌丝；雌激素失调往往伴有明显的发情症状，但拒绝交配；而犬的黑色棘皮症则无以上疾病所特有的症状，患处的皮屑检查不到病原体。

治疗方法：

1. 用伊维菌素、敌百虫、废柴油机油或雄黄粉等治疗疥螨病。

2. 用伊维菌素、敌百虫、双甲脒或灭虱精等杀灭虱和虱卵。

3. 可用左旋咪唑、阿维菌素来驱虫，从而治疗钩虫病。

4. 秃毛癣的治疗可以内服灰黄霉素，同时外涂克霉唑软膏或达克宁软膏来治疗。

5. 对于激素引起的脱毛，一般采取相应的激素疗法，如内服丙酸睾丸酮或甲地孕酮等治疗，必要的时候可采取绝育手术，摘除卵巢。

6. 对于犬黑色棘皮症的治疗现在还没有一个非常有效的方法，一般采取对症治疗，配合糖皮质激素地塞米松或强的松以及抗生素，也有用中医理论辨证施治取得了较好的效果。

7. 由于维生素 B 的缺乏引起的脱毛，可以通过补充复合维生素 B 制剂来进行治愈。

巧对对联

清代著名学者魏源，九岁时会见家中一客人，客人倨傲狂言，魏源对之不十分恭敬，客借口试其才，旁敲侧击说一句："眉小欺大乃为尖。"魏源对："愚犬称王便是狂。"以"狂"对"尖"，都用析字法，客不得不叹服。

怎样防治犬产后搐搦症

产后搐搦症是一种以低血钙为特征的代谢性疾病。表现为肌肉气强直性痉挛，意识障碍。本病在产前、分娩过程中及分娩后均可发生，但以产后2—4周期间的发病是最多的，且多见于泌乳量高的母犬。

病因：

缺钙是导致发病的主要原因。胎儿骨骼的形成和发育需要从母体摄取大量的钙，产后随乳汁也要排出部分钙。如果母犬不能进行及时补钙的话，体内就会缺钙，而缺钙就会引发神经肌肉的兴奋性增高，最终导致肌肉的强直性收缩。

诊断要点：

这种病一般是突然发病，没有先兆，病初呈现精神兴奋症状，病犬表现不安，胆怯，偶尔发出哀叫声，步样笨拙，呼吸促迫。不久就会表现抽搐症状，肌肉发生间歇性或强直性痉挛，四肢僵直，步态摇摆不定，甚至卧地不起。体温升高（40摄氏度以上），呼吸困难，脉搏加快，口吐白沫，可视粘膜则呈蓝紫色。从出现症状到发生痉挛，短的约15分钟，长的约12小时，发作的时间较为急促，如果不及时救治，多于1—2天后窒息死亡。快速诊断显得十分重要，结合临床症状，检测血钙含量，如血钙低于0.67mmol/L（6毫克／100毫升）即可确诊。

防治措施：

静脉注射10%葡萄糖酸钙5—20毫升（须缓慢注入），同时静脉注射戊巴比妥钠（剂量为2—4毫克/千克体重）或盐酸氯丙嗪（剂量1.1—6.6毫克/千克体重·次，肌肉注射）控制痉挛。

为预防产后搐搦症，在分娩前后，主人应该为狗提供足量钙、维生素D和无机盐等。在泌乳期间，要注意食物的平衡和调剂。